西北旱区生态水利学术著作丛书

特殊岩土工程渗透特性研究

——以尾矿堆积坝和生活垃圾填埋场为例

许增光　杨　荣　杨雪敏　著

科学出版社

北京

内 容 简 介

  本书系统地介绍了特殊岩土工程（尾矿堆积坝、生活垃圾填埋场）的渗透特性，通过现场调研、现场试验、室内试验、数值模拟等手段，分析尾矿堆积坝的渗透性能、化学淤堵对尾矿堆积坝渗透性能的影响，垃圾堆体渗透系数的分布规律，渗滤液分布情况及填埋堆体边坡稳定性，为广大科技工作者了解、掌握人造特殊岩土体的工程特性奠定基础。

  本书可供岩土、水利、环境、矿山工程及相关领域专业科技人员和高等学校本科生及研究生参考使用。

图书在版编目(CIP)数据

特殊岩土工程渗透特性研究：以尾矿堆积坝和生活垃圾填埋场为例/许增光，杨荣，杨雪敏著. —北京：科学出版社，2017.6

（西北旱区生态水利学术著作丛书）

ISBN 978-7-053349-4

Ⅰ. ①特… Ⅱ. ①许…②杨…③杨… Ⅲ. ①尾矿坝-渗透性-研究②垃圾处理-卫生填埋场-渗透性-研究 Ⅳ. ①TD926.4②X705

中国版本图书馆 CIP 数据核字（2017）第 133893 号

责任编辑：祝　洁　杨　丹 / 责任校对：王晓茜
责任印制：张　伟 / 封面设计：迷底书装

科学出版社出版
北京东黄城根北街 16 号
邮政编码：100717
http://www.sciencep.com

北京厚诚则铭印刷科技有限公司 印刷
科学出版社发行　各地新华书店经销
*

2017 年 6 月第 一 版　开本：720×1000　B5
2018 年 1 月第二次印刷　印张：12
字数：242 000

定价：80.00 元
（如有印装质量问题，我社负责调换）

总 序 一

　　水资源作为人类社会赖以延续发展的重要要素之一，主要来源于以河流、湖库为主的淡水生态系统。这个占据着少于 1%地球表面的重要系统虽仅容纳了地球上全部水量的 0.01%，但却给全球社会经济发展提供了十分重要的生态服务，尤其是在全球气候变化的背景下，健康的河湖及其完善的生态系统过程是适应气候变化的重要基础，也是人类赖以生存和发展的必要条件。人类在开发利用水资源的同时，对河流上下游的物理性质和生态环境特征均会产生较大影响，从而打乱了维持生态循环的水流过程，改变了河湖及其周边区域的生态环境。如何维持水利工程开发建设与生态环境保护之间的友好互动，构建生态友好的水利工程技术体系，成为传统水利工程发展与突破的关键。

　　构建生态友好的水利工程技术体系，强调的是水利工程与生态工程之间的交叉融合，由此促使生态水利工程的概念应运而生，这一概念的提出是新时期社会经济可持续发展对传统水利工程的必然要求，是水利工程发展史上的一次飞跃。作为我国水利科学的国家级科研平台，"西北旱区生态水利工程省部共建国家重点实验室培育基地（西安理工大学）"是以生态水利为研究主旨的科研平台。该平台立足我国西北旱区，开展旱区生态水利工程领域内基础问题与应用基础研究，解决了若干旱区生态水利领域内的关键科学技术问题，已成为我国西北地区生态水利工程领域高水平研究人才聚集和高层次人才培养的重要基地。

　　《西北旱区生态水利学术著作丛书》作为重点实验室相关研究人员近年来在生态水利研究领域内代表性成果的凝炼集成，广泛深入地探讨了西北旱区水利工程建设与生态环境保护之间的关系与作用机理，丰富了生态水利工程学科理论体系，具有较强的学术性和实用性，是生态水利工程领域内重要的学术文献。丛书的编纂出版，既是重点实验室对其研究成果的总结，又对今后西北旱区生态水利工程的建设、科学管理和高效利用具有重要的指导意义，为西北旱区生态环境保护、水资源开发利用及社会经济可持续发展中亟待解决的技术及政策制定提供了重要的科技支撑。

中国科学院院士

2016 年 9 月

总　序　二

　　近 50 年来全球气候变化及人类活动的加剧,影响了水循环诸要素的时空分布特征,增加了极端水文事件发生的概率,引发了一系列社会-环境-生态问题,如洪涝、干旱灾害频繁,水土流失加剧,生态环境恶化等。这些问题对于我国生态本底本就脆弱的西北地区而言更为严重,干旱缺水(水少)、洪涝灾害(水多)、水环境恶化(水脏)等严重影响着西部地区的区域发展,制约着西部地区作为"一带一路"国家战略桥头堡作用的发挥。

　　西部大开发水利要先行,开展以水为核心的水资源-水环境-水生态演变的多过程研究,揭示水利工程开发对区域生态环境影响的作用机理,提出水利工程开发的生态约束阈值及减缓措施,发展适用于我国西北旱区河流、湖库生态环境保护的理论与技术体系,确保区域生态系统健康及生态安全,既是水资源开发利用与环境规划管理范畴内的核心问题,又是实现我国西部地区社会经济、资源与环境协调发展的现实需求,同时也是对"把生态文明建设放在突出地位"重要指导思路的响应。

　　在此背景下,作为我国西部地区水利学科的重要科研基地,西北旱区生态水利工程省部共建国家重点实验室培育基地(西安理工大学)依托其在水利及生态环境保护方面的学科优势,汇集近年来主要研究成果,组织编纂了《西北旱区生态水利学术著作丛书》。该丛书兼顾理论基础研究与工程实际应用,对相关领域专业技术人员的工作起到了启发和引领作用,对丰富生态水利工程学科内涵、推动生态水利工程领域的科技创新具有重要指导意义。

　　在发展水利事业的同时,保护好生态环境,是历史赋予我们的重任。生态水利工程作为一个新的交叉学科,相关研究尚处于起步阶段,期望以此丛书的出版为契机,促使更多的年轻学者发挥其聪明才智,为生态水利工程学科的完善、提升做出自己应有的贡献。

中国工程院院士

2016 年 9 月

总 序 三

我国西北干旱地区地域辽阔、自然条件复杂、气候条件差异显著、地貌类型多样，是生态环境最为脆弱的区域。20 世纪 80 年代以来，随着经济的快速发展，生态环境承载负荷加大，遭受的破坏亦日趋严重，由此导致各类自然灾害呈现分布渐广、频次显增、危害趋重的发展态势。生态环境问题已成为制约西北旱区社会经济可持续发展的主要因素之一。

水是生态环境存在与发展的基础，以水为核心的生态问题是环境变化的主要原因。西北干旱生态脆弱区由于地理条件特殊，资源性缺水及其时空分布不均的问题同时存在，加之水土流失严重导致水体含沙量高，对种类繁多的污染物具有显著的吸附作用。多重矛盾的叠加，使得西北旱区面临的水问题更为突出，急需在相关理论、方法及技术上有所突破。

长期以来，在解决如上述水问题方面，通常是从传统水利工程的逻辑出发，以人类自身的需求为中心，忽略甚至破坏了原有生态系统的固有服务功能，对环境造成了不可逆的损伤。老子曰"人法地，地法天，天法道，道法自然"，水利工程的发展绝不应仅是工程理论及技术的突破与创新，而应调整以人为中心的思维与态度，遵循顺其自然而成其所以然之规律，实现由传统水利向以生态水利为代表的现代水利、可持续发展水利的转变。

西北旱区生态水利工程省部共建国家重点实验室培育基地（西安理工大学）从其自身建设实践出发，立足于西北旱区，围绕旱区生态水文、旱区水土资源利用、旱区环境水利及旱区生态水工程四个主旨研究方向，历时两年筹备，组织编纂了《西北旱区生态水利学术著作丛书》。

该丛书面向推进生态文明建设和构筑生态安全屏障、保障生态安全的国家需求，瞄准生态水利工程学科前沿，集成了重点实验室相关研究人员近年来在生态水利研究领域内取得的主要成果。这些成果既关注科学问题的辨识、机理的阐述，又不失在工程实践应用中的推广，对推动我国生态水利工程领域的科技创新，服务区域社会经济与生态环境保护协调发展具有重要的意义。

中国工程院院士

2016 年 9 月

前　言

以尾矿堆积坝和垃圾填埋场为代表的特殊岩土工程是社会发展的产物，是社会经济快速发展所付出的代价，因其数量大、组成介质分布不均匀、地球化学作用复杂、构造几何形态特殊而成为人类生存过程中的巨大危险源。

在这些特殊岩土工程中，影响其稳定安全的重要因素之一是岩土体内部浸润线过高，大量的水无法快速排出。因此，分析特殊岩土体的渗透特性，揭示其渗透规律，是进行尾矿堆积坝和垃圾填埋场稳定分析的前提，属于基础性研究，可为特殊岩土工程的设计、施工、管理等提供理论依据。

本书总结了作者在特殊岩土工程渗透特性方面的研究工作，以尾矿堆积坝和垃圾填埋堆体为例，介绍了特殊岩土工程的概念及发展趋势，通过现场调研和室内试验，分析了尾矿砂和垃圾土的渗透特征，揭示了特殊岩土工程渗透规律，建立了尾矿堆积坝淤堵渗流场、垃圾堆体渗流及稳定数学模型，并将其应用于栗西尾矿库及江村沟垃圾填埋场。希望本书能够抛砖引玉，对同行专家的科研和教学工作起到一定的帮助作用。

在作者的科学研究工作中，得到了柴军瑞教授、仵彦卿教授的精心指导，覃源副教授、李炎隆副教授、覃荣高博士、于飞博士、仲晓晴博士等提出了许多宝贵的建议，研究生孙超伟、温立峰、邢昂、杨洋、张子映、邢珊珊等进行了许多现场调研工作。在此，对他们的指导和帮助表示衷心感谢。

本书的研究工作得到了国家自然科学基金项目（51679193、51409206）、陕西省自然科学基础研究计划项目（2016JM5057、2013JQ7010）、中国博士后科学基金项目（2013M540765）、水工结构安全与仿真陕西省重点科技创新团队项目（2013KCT-15）、西安理工大学优秀青年教师培养计划项目等的支持。

在本书的撰写过程中，作者查阅了大量学术著作和文献资料，参考和借鉴了许多专家和学者的研究成果和学术观点，在此，向他们表示诚挚的谢意。

由于作者水平和经验有限，书中不足之处在所难免，恳请同行和读者批评指正。

作　者

2017 年 3 月于西安

目　录

第1章 概　　论

1.1　特殊岩土工程概况

1.1.1　特殊岩土工程的范围

岩土工程指土木工程中涉及岩石、土、地下、水中的部分，以岩体和土体作为研究对象。岩体在其形成和存在的整个地质历史过程中，经受了各种复杂的地质作用，因此具有复杂的结构和地应力场环境。不同地区不同类型的岩体，由于经历的地质作用过程不同，其工程性质往往具有很大的差别。当岩石出露地表后，经过风化作用而形成土，它们或留存在原地，或经过风、水及冰川的剥蚀和搬运作用在异地沉积形成土层，在各地质时期各地区的风化环境、搬运和沉积的动力学条件均存在差异性。因此，岩土体不仅工程性质复杂，而且其性质的区域性和个性很强。自20世纪60年代以来，岩土工程已逐渐发展成为集土力学及基础工程、工程地质学、岩体力学等综合交叉的一门学科。岩土工程涉及岩石与土的利用、整治或改造，其基本问题是岩体或土体的稳定、变形和渗流问题。

然而，在研究传统岩土工程的同时，也要重视一些特殊岩土工程问题。例如，库区水位上升引起周围山体边坡稳定问题；越江越海地下隧道中岩土工程问题；超高层建筑的超深基础工程问题；特大桥、跨海大桥超深基础工程问题；大规模地表和地下工程开挖引起岩土体卸荷变形破坏问题，等等。除此之外，近年来大量兴建的尾矿堆积坝和垃圾填埋堆体也是一种特殊的岩土工程，由于具有人工建造的高势能泥石流巨大危险源特征而备受大家关注。尤其是当工程服务期结束后，这些尾矿砂或垃圾土会和周围天然岩土体发生复杂的力学、物理、化学、微生物作用，从而形成一种新型的特殊岩土介质。对于这种新型的特殊岩土工程，由于其组成介质分布的更加不均匀性、地球化学作用的更加复杂性以及构造几何形态上的特殊性，因此特殊岩土工程的介质特性较天然岩土介质更为复杂，其表现出的渗流、稳定、变形问题更为突出。

1.1.2　尾矿堆积坝类特殊岩土工程的建设运行概况

尾矿是选矿和工业生产过程中形成的细粒或粗粒的，采用水力输送排放，可用土的特征描述的固体物质。尾矿库则是通过筑坝拦截谷口或围地构成的用以贮存尾矿的场所。因此，尾矿库是矿山企业生产过程中的附属产物，主要用于堆存金属和非金属矿山进行矿石选别后排出的尾矿或工业废渣。

尾矿初期坝一般指采用当地土和石料筑成的，作为堆积坝的排渗体和支撑体。而尾矿堆积坝是指生产过程中在初期坝坝顶以上用尾矿冲积堆筑而成的坝。尾矿初期坝和堆积坝常总称为尾矿坝。一般情况下，尾矿坝体高度可达几十米甚至上百米，属于一种特殊的岩土工程。

据不完全统计，我国现有金属、非金属矿山 10.44 万座，每年产出尾矿约 3 亿 t。目前尾矿坝数量已达 6000 座以上，大、中型尾矿堆积坝约占 1500 多座，其中许多尾矿库已经处于中后服役期（李学民等，2009）。对于矿山企业来说，尾矿坝是一个重大危险源，一旦发生尾矿坝溃坝事故，将会造成重大的人员伤亡、财产损失和环境污染。经过长期的研究发现，尾矿坝失事造成的危害较航空失事、火灾等更为严重，在世界 93 种事故、公害中排第 18 位。国内外关于尾矿坝的安全事故常有发生，已经引起了人们的高度重视。Azam 等（2010）指出保持尾矿库如此大的一个"蓄水池"的安全稳定是矿山废物管理所面临的最大挑战。美国大坝委员会（United States Commission on Large Dams, USCOLD）（1994）对发生在1917～1989 年的 185 例尾矿坝事故进行总结后发现，漫顶溃决、排洪设施失效以及结构破坏是导致大坝事故的主要原因。国际大坝委员会（International Commission on Large Dams, ICOLD）（2001）对 221 例尾矿坝失事原因进行了更加广泛地总结后发现，地质特征、地震活动、上下游排水面积、暴雨等是引起尾矿坝失事的重要因素。Rico 等（2008）对世界范围内的 147 例失事尾矿坝进行分析后表明，非常规情况下的降雨和地震液化是造成事故发生的两大原因。Azam 等（2010）指出过去 100 年里世界范围内的 18401 个尾矿场地中，尾矿坝失事概率高达 1.2%，超出了普通水库失事概率两个数量级，其中非正常情况的天气、管理不善是失事的主要因素。总之，引起尾矿库溃坝的原因可概况如下：

（1）调洪高度不够、安全超高不满足要求、洪水排出设施设计标准偏低、排水系统遭到破坏或淤堵，导致洪水漫顶、库区发生较大的泥石流或滑坡等。

（2）地震使尾矿堆积坝液化，造成灾难性事故。

（3）坝基未经处理或处理不规范、坝体边坡有局部坍塌或隆起、坝面出现水流冲刷或塌坑等。

（4）排放尾矿废渣未按设计要求进行填充，干滩滩面有侧坡、扇形坡甚至细粒尾矿废渣大量聚集。

（5）排放矿浆过程不合理，导致矿浆沿子坝内坡流动，从而冲刷坝体。

（6）干滩堆积范围长度不够，导致坝体浸润面偏高，下游坝坡局部有水流溢出。

（7）排渗设施设计不当或遭遇破坏，产生渗流破坏、管涌或流土等。

（8）坝体及坝基稳定性不足，尾矿坝发生边坡失稳。

（9）其他灾害。

因此，尾矿堆积坝失事将会造成尾矿流失、破坏下游生态环境、威胁人民生命和财产安全。部分国内外尾矿堆积坝失稳事故见表 1.1。

表 1.1　部分国内外尾矿堆积坝事故

尾矿堆积坝名称	年份	事故及造成后果	原因分析
云南火谷都尾矿库（丁军明等，2006）	1962	涌出尾矿砂 $3.3×10^6m^3$，涌水 $3.8×10^5m^3$；冲毁耕地 $36.05hm^2$，村寨 11 座，农场 1 个；171 人死亡，92 人受伤，直接经济损失 2000 万元	一期小坝基础不稳定，施工质量差；二期坝坡太陡；蓄水放矿同时进行；坝体发生不均匀沉降
智力埃尔 12 座尾矿坝（宁民霞等，2006）	1965	270 人死亡	140km 外发生 7.25 级地震
美国布法罗河尾矿坝	1972	125 人死亡，4000 人无家可归	库内未设溢洪道，泄水管泄水能力小，导致洪水漫顶
圭亚那阿迈金矿尾矿坝	1995	坝体开裂，将含有 $2.5×10^{-5}m^3$ 氰化物的尾矿砂排入阿迈河及埃塞奎博河；近千人死亡，环境污染严重	底部排水钢管破坏，引起坝体内部侵蚀破坏，发生管涌
俄罗斯 Primnrskl 边疆粉煤灰尾矿坝	2004	粉煤灰浆通过排水沟进入运河的一条支流，对河流造成极大污染	—
美国密西西比杰克逊县磷酸盐尾矿坝	2005	约 $6.44×10^4m^3$ 酸性液体涌入毗邻的沼泽地，造成大量植被死亡	—
陕西省镇安县黄金尾矿库（李政等，2006）	2006	约 $1.2×10^5m^3$ 尾渣下泄，部分流入米粮河；造成 15 人死亡，2 失踪，5 人受伤，70 间房屋破坏	擅自对尾矿库加高扩容，造成坝体失稳
赞比亚恩昌加铜矿尾矿坝	2006	从恩昌加尾矿浸出厂到 Multimpa 尾矿堆放厂的尾矿输送管道失事，释放高度酸性尾矿到 Kafue 河，高浓度铜、锰、钴进入河水	—
山西宝山尾矿库（山西省安全管理局，2007）	2007	近 $1.0×10^6m^3$ 尾矿砂溃泄，冲入峨河下游；破碎车间冲垮，办公楼、选矿车间被淹；直接经济损失约有 4500 万元	回水塔堵塞不严，尾矿砂排水管堵塞，引起流土破坏，造成局部滑坡，最终垮坝
辽宁海城尾矿库	2007	溃堤事故造成 16 名村民遇难	擅自加高坝体，改变坡比，使得坝体超高，边坡过陡，造成坝体失稳
山西襄汾县尾矿库（闪淳昌等，2011）	2008	造成 277 人死亡，4 人失踪，34 人受伤，直接经济损失约 9600 万元	—

在导致尾矿库溃坝事故的直接原因中，渗流破坏（由于浸润面的位置过高，尾矿干滩长度过短，坝面或下游发生沼泽化，称为渗流破坏）是尾矿坝发生安全事故的主要形式之一，占 20%～30%（宁民霞等，2006）。渗流破坏的发生将导致坝体、坝肩和不同材料结合部位渗流水溢出，渗流量急剧增加，进而渗流水出现混浊引起管涌，致使尾矿坝体失稳。因此，为了减少尾矿坝发生渗流破坏的可能

性, 常通过布置排水管、辐射排水井、排水沟等排水设施以降低尾矿坝体内的地下水位。

因为尾矿库"边建设边运行"的特点, 所以用于降低坝体渗流破坏发生概率的排水系统会经常发生淤堵现象。尾矿坝不同于其他坝体, 它主要用于堆放尾矿矿渣, 一方面, 矿渣粒径大小往往不均匀, 这些粒径大小不均匀的尾矿砂混合, 在发生渗流的过程中, 小颗粒会随着水流被带入大颗粒的孔隙中, 孔隙渐渐被阻塞, 导致坝体渗透性能下降。另一方面, 矿石经提炼后的尾矿矿渣含有复杂的化学元素, 这些化学成分可能在坝体内发生化学反应, 如尾矿中的二价铁离子在溶解氧充足的坝体环境中会发生氧化还原反应生成氢氧化铁, 又如尾矿矿渣中含有的钙离子和二氧化碳结合生成碳酸钙, 这些反应产物会在尾矿堆积体中沉淀堆积起来, 堵塞尾矿砂粒间的孔隙, 降低坝体的渗透系数。这些淤堵现象会经常发生在尾矿库运行期排水系统出口附近, 但是有关其影响规律、细观发生机理等研究还不成熟, 有待进一步深入探索。

1.1.3 垃圾填埋堆体类特殊岩土工程的建设运行概况

随着城市化水平的提高, 城市生活垃圾产量急剧增长。在 18 世纪中叶, 世界人口仅有 3%住在城市, 1950 年城市人口比例占 29%, 1985 年这个数字上升到 41%, 预计到 2025 年世界人口的 60%将住在城市或城区周围。据相关资料统计, 随着我国城市化的快速发展, 城市垃圾问题日益突出, 预计到 2020 年我国城市垃圾产量达到 3.23 亿 t, 垃圾年产量以每年 8%~10%的速度增长。由于大多城市未对生活垃圾进行处理便弃之城郊, 目前我国大约三分之二以上的城市被垃圾包围, 城市垃圾所产生的污染极为突出, 尤其表现在地下水污染、空气微生物污染、地表水以及土壤等方面。在过去 50 年里, 随着我国人口的增长和城市化水平的提高, 城市生活垃圾产量增长的高峰也即将到来, 并且我国的城市生活垃圾处理起步时间较晚, 处理率低, 这无疑是我国城市可持续发展所面临的严峻挑战 (钱学德等, 2001; 聂永丰等, 2000)。我国已成为城市生活垃圾产生最多的国家, 城市垃圾已成为当前我国面临的四大环境污染之一, 因此城市生活垃圾处理成为一个值得研究的问题 (洪梅等, 2011; Chen et al., 2010; 梁英梅等, 2010; Huang et al., 2002)。

城市生活垃圾主要是指在城市日常生活中或者为城市日常生活提供服务的活动中产生的固体废弃物, 主要包括居民生活垃圾、医院垃圾、商业垃圾、建筑垃圾 (渣土) 等。处理城市生活垃圾的方式主要包括焚烧、堆肥和填埋 3 种。焚烧法是将垃圾置于高温炉中燃烧, 处理效果好、效率高, 但是焚烧厂的建设和后期运行费用极其昂贵; 堆肥法是将垃圾堆积, 保温至 70℃储存、发酵, 借助垃圾中的微生物将有机物分解为无机养分, 但是处理规模小、土壤容易板结和地下水质易于恶化已成为制约其发展的瓶颈问题; 填埋法能够处理几乎所有的城市垃圾,并且处理工艺较为简单、造价及维护费用相对于其他处理方法较低，所以卫生填埋是各国广泛采用的垃圾处理方式，也是未来很长一段时间内处理垃圾的主要手段（Lou et al., 2009; 姜华等, 2008; Berkun et al., 2005; Ludvigsen et al., 1998）。然而我国城市垃圾的含水率高，垃圾填埋场在长期稳定化的过程中会产生大量渗滤液，严重威胁到填埋堆体的稳定性。我国城市垃圾处理的主要方式是填埋，占总处理量的 70% 以上，其次是堆肥处理，焚烧处理极少。据不完全统计，我国现有垃圾填埋场约 1955 个，包括卫生填埋和简易填埋处理。

　　城市生活垃圾填埋场也称为城市生活垃圾填埋堆体，是由城市生活垃圾分层铺筑、碾压而成的。由于城市人口、工业、经济迅猛发展，垃圾填埋场承担着城市生活垃圾的处置任务，因此它逐渐向着高堆体、大库容发展。目前，垃圾填埋场存在的问题归纳起来主要包括稳定、沉降、渗透和扩散四个方面。垃圾填埋场的稳定性关系到填埋场的经济和安全，边坡坡度过缓将减少填埋场的垃圾容量，经济上将受到损失。但是，边坡坡角太陡，边坡极易发生失稳破坏，从而引起垃圾中渗滤液的泄漏，污染周围的地表水系和地下水系，使臭气蔓延，病菌流行，给周围环境、国民经济造成难以挽回的损失。因此，垃圾填埋场的渗流和稳定问题不容忽视，开展城市生活垃圾填埋场的渗流稳定性研究，可以为管理部门提供设计和优化处理的依据，减少事故的发生。

　　近年来，尽管对垃圾填埋堆体的研究越来越重视，但是国内外仍有垃圾堆体滑坡事件频繁发生。垃圾填埋堆体边坡失稳不仅会对环境造成严重的污染，而且会给人们生命和财产带来巨大的损失，其后果是灾难性的。国内外发生的多起垃圾堆体边坡失稳事故见表 1.2。

表 1.2　国内外垃圾堆体边坡失稳事故统计

垃圾填埋场名称	年份	发生事故	造成后果	原因分析
前南斯拉夫萨拉热窝垃圾卫生填埋场（Blight, 2008）	1970	垃圾堆体崩塌	—	
	1977	垃圾堆体崩塌	2 座桥梁、5 栋房屋和 2 条小河完全被淹没	
重庆江北景观山垃圾场	1994	垃圾堆体崩塌	5 人死亡、4 人受伤	
北京昌平垃圾填埋场	1995	垃圾堆体爆炸	—	易燃气体遭遇明火
哥伦布 Dona Juana 垃圾填埋场（Koerner et al., 2000b）	1997	边坡失稳破坏	大约 $1.2 \times 10^6 m^3$ 的垃圾携带大量渗滤液在 20min 之内迅速滑塌，冲出了 1.5km，造成严重的环境污染	由于回灌后导致填埋场内的渗滤液水位过高
菲律宾马尼拉附近 Payatas 垃圾填埋场（Merry et al., 2005）	2000	滑坡破坏	大约有 278 人死亡，100 多人失踪	连续暴雨的袭击导致填埋场内渗滤液水位迅速升高

续表

垃圾填埋场名称	年份	发生事故	造成后果	原因分析
重庆沙坪坝垃圾填埋场	2002	滑坡破坏	大约 $4.0\times10^{5}\text{m}^3$ 的垃圾滑塌，将山坳碎石厂的三层宿舍楼吞没，10 人死亡	暴雨导致导致填埋场内渗滤液水位迅速升高
印尼万隆垃圾填埋场（Koelsch et al., 2005）	2005	垃圾堆体崩塌	$2.7\times10^{6}\text{m}^3$ 垃圾下滑，147 人死亡	孔隙水压力过高

在分析垃圾填埋堆体失稳破坏的原因中，渗滤液水位过高是其发生事故的主要因素。因此，分析垃圾填埋堆体的渗透特性，掌握垃圾填埋堆体渗透性的空间分布规律，进而研究垃圾填埋堆体的渗流及稳定性则显得尤为重要。

城市生活垃圾的三种处理方法中，焚烧法通常用于发达国家或一些发展中国家的发达城市，处理垃圾的效率较高。焚烧所产生的热量可以用于发电，并且所占用的土地面积小。然而，该方法产生了一些困难，如大型投资、高技术含量和烟气的二次污染问题。堆肥法是一个很好的垃圾减量和再生处理方法。然而，在发展中国家成本太高并且垃圾回收分类系统存在缺陷。填埋法是世界上有效的垃圾处理技术，因为其具有高处理能力、投资少、技术含量低的优点。但是，它占用土地面积较大，并且垃圾的减量效果不明显。因此，在一些土地面积较小的国家或地区，将焚烧法作为主要的处理方技术，如日本、丹麦、新加坡、中国澳门；填埋法是普遍采用的垃圾处理方式，如中国和印度的大多数城市，其 89.8%以上的城市生活垃圾采用填埋法来处理。随着城市人口的快速增长和工业、经济水平的发展，垃圾填埋场作为主要的垃圾处理方法，逐步向着高堆体、大容量发展。因此，垃圾填埋场的稳定性问题严重威胁人们的生命和财产安全（Chen et al., 2010; Huang et al., 2002）。垃圾物理组成、重度和渗透系数是影响垃圾填埋场稳定性的重要参数，许多学者对此做出了大量的研究，但由于垃圾成分的多样性、填埋场结构的特殊性及渗滤液来源的复杂性等原因，一直未形成一个统一的认识。

1.2　尾矿堆积坝类特殊岩土工程的发展趋势

1.2.1　渗流分析研究

因为尾矿是以浆体的形式排放的，所以尾矿库可以看作是以尾矿筑坝的人工湖，这也决定了尾矿坝的安全稳定性和一般水库大坝不同。尾矿坝是以尾矿砂砾组成的散粒体结构，如果进入坝体的水不能及时排出，很容易造成溃坝。许多学者对尾矿坝的溃坝原因进行了分析。Rico 等（2008）对 e-EcoRisk 数据库中全球 147 例（其中 26 例位于欧洲）尾矿坝灾害发生原因进行了统计分析，得出尾矿坝溃坝事故与尾矿坝坝高有关。Debarghya 等（2009）采用 FLAC 3D 等软件对某个土质尾矿坝的典型横断面进行了静力和动力分析，得出地震作用对坝体的变形影响严重并且尾矿坝的底层输入加速度沿坝高存在放大效应。Bruno 等（2003）利用有限元法分析有覆盖物和没有覆盖物尾矿坝的渗流规律：在相同的排水期，边坡影响保水层的水分分布。最陡边坡底部含水量比倾斜度小的边坡含水量低；如果浸润面和覆盖层之间距离保持相同，边坡长度不会显著地影响保水层的水分分布，保水层材料的保水特性显著影响毛细阻挡效应层的水分分布。Byrne 等（2003）对 1978 年日本 Izu-Ohshim-Kinkai 地震造成的 Mochikoshi 尾矿库溃坝进行动力分析，得出 Mochikoshi 尾矿库 1 号坝在地震中破坏是尾矿的液化造成的。低渗透系数的水平层阻碍了竖向超孔隙水压力的消散，在震中或震后极大地降低坝体的稳定性，因为这可能导致在该层底部产生水泡，该土层的存在可能是导致 Mochikoshi 尾矿库 2 号坝延迟破坏的原因。大部分学者采用了数值模拟和现场试验研究方法来分析尾矿坝溃坝原因，得出溃坝主要是由地震液化、漫坝、渗流等引起，因此对尾矿坝进行渗流分析则显得尤为重要。

对尾矿坝进行渗流分析的主要目的就是判断坝体内地下水位的分布状况，计算渗流作用力，检验坝体的渗流稳定性，防止发生渗流变形破坏。近年来，国内外学者针对尾矿库的渗流分析进行了众多包括模型试验、数值模拟等方面的研究工作。1856 年，法国工程师达西通过试验提出了线性渗透定律，为渗流理论的发展奠定了重要基础。接着茹可夫斯基在 1889 年（核实）首次推导了渗流微分方程。此后，许多学者在前人研究的基础上提出了多种渗流数学模型及渗流的解析解法，并取得了一定的成果。然而解析解仅能应用于渗透介质为均质的情况和一些简单的边界条件，应用范围较小，在实际应用中受到很大限制。速宝玉等（1994）研究了电模拟试验法在尾矿坝空间渗流场分析中的应用。陈存礼等（2006）通过动三轴试验分析了不同固结状态对饱和尾矿砂的动残余应变发展特性和动孔压的影响。马池香等（2008）对尾矿库坝体产生渗漏的原因和种类进行了分析，提出了尾矿坝的稳定性可以通过尾矿坝的排渗固结过程得到提高。尹光志等（2010a）采用相似模型试验法对尾矿坝的溃坝机理进行了研究。

由于计算机的迅速发展，有限单元法、有限差分法和边界元法等数值计算方法在渗流分析中应用越来越广。国内外学者采用数值分析法对尾矿坝的渗流分析进行了深入研究。尹光志等（2003）采用 2D-FLOW 软件对龙都尾矿库渗流场进行了数值分析。赵坚等（2003）指出地质剖面概化的准确性对尾矿坝渗流场计算非常重要。路美丽等（2004）提出坝体各层渗透系数、干滩长度、上下游坡度等是影响尾矿坝渗流场分析的重要因素。柴军瑞等（2005）采用自主开发的 3D-Seepage-Stress 程序对米箭沟尾矿坝加高方案进行了渗流场数值分析。王东等（2012）采用三维有限元法对某尾矿坝渗流场进行了分析和安全评价。魏宁等（2005）利用流变的遗传记忆理论和土体非线性弹–粘弹本构模型，以江西武山铜矿尾矿坝软基处理实践为工程实例，在 Biot 固结有限元分析方法的基础上，模拟和预测了该工程的初期土石坝，分析了固结过程中位移随时间的变化规律、地基孔隙水压力和流变现象三种因素对初期坝的影响。柳厚祥等（2004）根据尾矿坝堆积特点，在渗流理论和弹性力学的基础上，推导出了尾矿坝应力场与渗透系数的关系式，建立了渗流场与应力场耦合模型及计算方法，结果表明考虑耦合作用的应力场各应力分量的增大，渗流场总渗流量减小。路美丽等（2006）对复杂断面概化和地形进行简化后，建立三维渗流数学模型，并与试验结果进行对比，结果发现对复杂地形进行适当的简化和概化后，其数值计算结果并无太大影响，可以满足精度要求，因此减小了计算的复杂程度和难度。陈殿强等（2008）通过尾矿坝的渗流稳定分析，得出了水力坡降与稳定性、浸润面与坝坡之间的关系。王会芬等（2010）通过渗流场计算，对尾矿坝地下水位的变化情况进行了数值模拟，预测了渗流场的变化规律：①不设排渗设施，则洪水情况下，坝坡上有水渗出，对坝体的稳定性产生不利的影响；②采用垂直排渗和水平排渗措施后，则坝体浸润面大大改观，对坝体的稳定比较有利。尹光志等（2010b）以规划新建的秧田箐尾矿库为例，分析了该尾矿库堆积到设计总坝高约 2/3 时，正常工况下坝体稳定安全系数可以满足规范要求，但洪水状态下稳定安全系数小于国家规范值，需对原始初步设计方案进行调整，以确保尾矿库安全。金佳旭等（2013）根据现场钻孔实测资料选取合适的计算参数和边界条件建立数学计算模型，重点分析了排渗设施正常运营和发生破坏两种工况，结果表明初期坝的透水性与尾矿坝渗流稳定关系密切。这些研究工作为准确掌握尾矿坝渗流场的分布状况奠定了坚实的基础。

因此，在尾矿库设计初期，通过实地考察、收集资料、渗流计算等手段确定不同工况下工程具有足够排渗能力的排渗措施十分重要。浸润面是尾矿库的生死面，加大排渗设施的重要作用就是降低坝体浸润面，目前降低坝体浸润面的方法主要有排渗盲沟、轻型井点排渗、井管、水平排渗、虹吸井、辐射排水井等。

1.2.2　辐射排水井

目前，辐射排水井作为尾矿库的排渗措施被广泛应用于实际工程当中。辐射排水井排渗的观点是从地下水给水系统中得出的，其在地下水给水系统中主要用于汇集地下水。它被应用于尾矿库中作为排渗设施，主要是因为其水平滤水管数量较多且可深入含水层以导出大量地下水，竖直井可大量汇聚水平滤水管中的地下水并及时排出，排渗能力强。

辐射排水井是由一个大口径的钢筋混凝土竖井（集水井）和自竖井向周围含水层任一高程和方向打进具有一定长度的多层、数根至数十根水平辐射管所组成，由于水平辐射管呈辐射状，故称辐射排水井，其作用是使地下水沿辐射管汇集至竖井内。竖井是辐射管施工、集水和安装抽水泵将水排至井外的场所，一般辐射排水井的结构示意图参见图 1.1。辐射排水井的辐射管呈辐射状、近似水平地放置于含水层中，能在极薄的含水层中打进数根有一定长度的辐射管，使辐射排水井进水断面增大，影响范围宽广，汇水面积增大，因此与相同深度的管井相比可相当于 8～10 个管井水量。辐射排水井最先被使用是作为一种取水建筑物，尤其是在面临水荒的干旱和半干旱地区。但由于其出水量大的特点，对于把地下水位作为"生命线"的尾矿坝来说，工程师将其应用到降低尾矿坝体内的地下水位等方面。

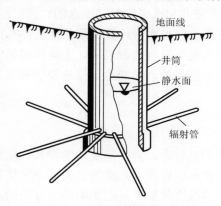

图 1.1　辐射排水井示意图

辐射排水井作为一种排水建筑物已经被广泛应用于尾矿坝体中（金松丽等，2012）。例如，位于陕西省华县的栗西尾矿坝，辐射排水井作为主要排水设施有效地降低了坝体内的地下水位，保证了尾矿坝的安全稳定运行（张元瑞等，2004）。Kim 等（1999，2002）提到利用辐射排水井抽水系统能有效地降低垃圾填埋场周围地下水中的污染物，其原因就是辐射排水井的高效出水量。尾矿坝中的辐射排水井一般是渗流水在水头作用下向辐射管汇流，并通过辐射管流入辐射排水井，辐射排水井汇集各辐射管的渗水，再由一条垂直于坝轴线的排水管排出坝外。此排水技术具有原理简单、效果明显、后期维护管理费用低等优点。

长期研究发现，辐射排水井的出水量计算一直以来都是研究者头疼的问题。Patel 等（1998）开发了一个针对三维河床含水层的模型，此模型是基于 MODFLOW 开发的包括辐射排水井作用的模型，其经常被用于研究水平排水管数量与补给边界距离之间的关系。后来，Patel 等（2010）又开发了一个用于模拟补给−水位降深之间关系的模型，此模型基于分析单元法（analytical element method，AEM）研究非承压含水层中的辐射排水井问题。Lee 等（2010）为了评价辐射排水井水平集水管中的水位降深提出了一个新的数学模型。在由美国地质调查局（United States Geological Survey，USGS）开发的通用程序 MODFLOW-2005 V1.8 的

Multi-Node Well（MNW2）模块中详细介绍了垂直竖井的水量计算理论与严密的数值计算推导过程，其中已经充分考虑了不完全渗透、渗流面、水平和倾斜井以及可变的出水井深长度等问题（Konikow et al.，2009）。Patel 等（2010）、Kelson 等（2005）和 Bakker 等（2005）详细地描述了水平排水管的水量计算方法。以上研究主要集中在介绍传统竖井或者水平排水管的出水量问题，且对于水平集水管出水量的计算中经常采用经验公式法来处理（Mcwhorter et al., 1997; Milojevic et al., 1963）。而为了尽可能多的排出尾矿坝体内的水，在保证辐射排水井竖井结构稳定的前提下，同时考虑竖井和水平辐射管出水的思路已经被部分工程师所采用。因此，对于尾矿坝辐射排水井出水量计算方面的研究还有待进一步深入。

此外，诸多尾矿库的实际运行情况表明，上述排渗措施往往在运行一段时间后会出现排渗能力降低甚至失效，不能达到排渗要求和效果，坝体渗流稳定性得不到保证。

1.2.3　淤堵现象研究

溶质在地下水迁移的过程中，会伴随复杂的物理、化学、微生物等反应，这些反应可能会对土壤、含水层以及多孔渗透介质等产生堵塞，导致渗透介质的孔隙减小、渗透性减低、弥散性增加，从而影响渗透介质的渗流和溶质迁移。以上这种堵塞作用可将其称为淤堵。淤堵按其产生的原因和作用机理可分为如下类型。

（1）物理淤堵：渗透水流携带土的细颗粒在土体孔隙中沉积或阻滞，减少了空隙的过水面积，降低了土体的渗透性能，称为物理淤堵。

（2）化学淤堵：渗透水流中所含有的各种离子，在特定的化学环境条件下沉淀，形成不溶于水的化合物，如 $CaCO_3$、Fe_2O_3 等，逐渐堆积在土体孔隙中，减少了土体的过水面积，从而降低土体的透水能力，称为化学淤堵。

（3）生物淤堵：土体或土体中若含有微生物，微生物在土的孔隙中繁殖，形成的微生物群堵塞土体孔隙，从而降低土体的透水能力，称为生物淤堵。

（4）综合淤堵：若同时存在以上三种或其中两种以上类型的淤堵叫做综合淤堵。

对于尾矿坝，辐射排水井在抽取坝体地下水的过程中，经常会伴随着重金属离子的迁移，进而发生物理化学反应产生淤堵。位于陕西省华县的栗西尾矿坝体的地下水流中就经常伴随着大量二价铁离子的迁移。通常情况下，这些重金属离子在溶解氧相对充足的辐射排水井井壁附近会发生氧化还原反应，进而产生沉淀物发生化学淤堵现象。Ray 等（2006）已经证明淤堵现象的发生将会影响辐射排水井的出水量。Kroening 等（1996）发现，导致位于美国南卡莱罗纳州 Savannah 河流附近一块荒废场地的监测井淤堵的主要原因是井周围过滤区域的方解石沉淀以及对钻探泥浆的清除不彻底，从而在井钻孔周围形成的沉淀物。Mays 等（2007）

通过试验观测表明淤堵现象的发生将引起地下水流动速度的减缓。Zhong 等（2013）通过柱试验发现了微生物淤堵也会引起多孔介质渗透性能大幅降低。Plewes 等（1996）发现，造成美国镍业公司中心的尾矿区排水沟淤堵的主要原因是铁的氧化还原反应。Dimkić 等（2011）讨论了辐射排水井的寿命是由其物理、化学和微生物化学过程决定的。Wu 等（2008）通过试验分析了尾矿坝中淤堵发生的过程，并指出化学淤堵会严重影响介质的渗透性。Xu 等（2011）对考虑化学淤堵作用下尾矿坝渗流场进行了分析，指出化学淤堵会抬高尾矿坝体中的水位，影响坝体的安全。然而，尾矿坝介质渗透性能与化学淤堵之间关系的定量化研究还不够成熟。

1. 淤堵试验研究

砂柱试验在淤堵现象研究中应用广泛，也是最简单和最有效的研究淤堵现象的方法，一般通过在试验柱中填充多孔介质，通过模拟其所处的地下水环境使其产生淤堵，然后对其发生机理进行更加深入的研究。因此，很多科研人员选择柱试验对淤堵现象进行研究。

目前对于引起含水层、过滤床、注水盆地淤堵的原因还未得到很好的研究，一般认为多种因素可导致淤堵的发生。Cunningham 等（1991）通过研究发现随着 *Pseudomonas aeruginosa* 生物膜的形成，石英砂以及玻璃珠的渗透系数会降低。而生物产气如甲烷等会通过气泡的形式导致孔隙阻塞从而降低多孔介质的渗透系数（Lozada et al., 1994）。Seki 等（1998）进行了一系列的柱试验，将稻田硬土层土样作为填充介质，采用三组浓度为 $50\mu g/cm^3$ 的葡萄糖溶液进行历时 120 天的试验。试验中测量了气相孔隙和饱和渗透系数的比值，发现饱和渗透系数在前 10 天降低速度快，在 110 天后降低速度减慢。在第二组试验柱中人为添加了氯霉素用于杀灭柱中细菌，而在第三组试验柱中通过添加放线菌酮用以杀灭藻类，然后分别观察到了由于细菌增殖和藻类引起的淤堵，其中细菌引起的淤堵速度比藻类要更快。试验结果说明微生物在柱中产生了淤堵，降低了土壤的渗透能力。当土壤长时间含有营养液，其饱和渗透系数会随时间逐渐降低，Allison（1947）认为这一现象是由于土壤孔在被微生物细胞的繁殖及微生物分泌物质堵塞造成的，即土壤发生了生物淤堵。Miyazaki 等（1993）也指出在高地和森林的火山灰土中未出现淤堵，而在水稻土壤的硬质土层中生物淤堵却很严重。Kandra 等（2014）利用室内砂柱试验用 5 种不同的材料填充，分析砂柱的渗透特性，得出柱内填充材料不同，淤堵的效果不同，即越光滑的材料越不容易产生淤堵，他还得出流速对淤堵的深度有所影响，流速越高淤堵越不容易产生。Hua 等（2010）对细微颗粒填充大颗粒孔隙的现象进行了研究，指出淤堵可分为基质内部淤堵和基质表层的毯式淤堵两层。Martin（2010）通过查阅总结资料分别对一维试验和二维试验进行了对比分析，总结出了各试验的优点和缺点。李识博等（2012, 2013）用几种不同的粒径区间进行了室内试验，根据不同粒径区间淤堵的情况提出了表层堆积淤堵、内部淤堵及不淤堵三种淤堵模式，并且根据室内淤堵试验及颗粒流模拟方法从宏观到细观的角度研究了坝基松散介质淤堵过程。周源等（2010）通过对透气真空快速泥水分离试验和常规真空抽水试验结束后进行试样取样颗粒分布试验，分析了拱架结构层形成的过程，解释了常规真空抽水方法容易产生淤堵而透气真空方法能够解决淤堵问题的原因。付长生等（2011）通过传统短筒土柱模型和改进长筒土柱模型试验，分别探讨了渗透系数和时间"驼峰"现象产生的原因、主次影响因素及其敏感性。

近年来，柱试验已逐渐被引入到实际环境中进行淤堵现象的研究。Kelm 等（2005）在合成的岩石聚集体[石英（57%）、脉石（42%）和孔雀石（1%）]上用硫酸溶液淋滤进行柱试验。无论短期的淋滤试验还是淋滤后 4 周都导致了伊利石的微量溶解和蒙脱石的部分溶解。试验结果表明在淋滤液淋滤岩石聚集体过程中产生了沉积物，这是高岭石会导致试验柱的短暂淤堵的主要原因。较短时间内注水井淤堵在含水层贮存修复（aquifer storage and recovery, ASR）进行后就能够发生。淤堵一旦发生，注水井压力将会升高，注水速率也将大大降低。即使反冲洗等方法可减少部分淤堵，然而影响 ASR 项目得到推广的主要因素仍是淤堵。因此，为了研究注水井的淤堵情况，Rinck-Pfeiffer 等（2000）先采用试验柱研究和淤塞钻孔淤堵，试验结果表明试验初期渗透系数降低比较明显，这种现象可能是柱中由于悬浮固体的存在首先发生了物理淤堵，之后随着微生物数量和多聚糖的增加逐渐引起生物淤堵。

除了对淤堵本身及相关方面现象的研究以外，科研人员也对如何减轻淤堵进行了研究。例如，Jones 等（1993）为研究蚯蚓的穴居行为是否可以减缓或消除淤堵层的形成所造成的不良后果，采用 12 个内部填充有砾石和土壤的（直径 0.10m、长 0.38m）试验柱进行试验。此外，淤堵现象的试验研究还有过滤系统淤堵现象试验研究、土工织物淤堵试验研究、淤堵现象砂箱试验研究等，此处不再赘述。

2. 淤堵数值模拟研究

研究人员在淤堵的数值模拟方面已进行了大量的研究工作。Nukunya 等（2005）通过试验研究了生物淤堵对压力降低和去除效率和影响，同时采用了孔隙网络模型对淤堵进行数值模拟。吉峰等（2013）基于 Ruth 理论建立了高含水率疏浚淤泥径向排水模型，并且通过透气真空抽水模型的试验结果验证了模型的有效性。Kaiser（1997）认为在理想状况下，颗粒物沉积形成分形团簇，结合孔隙与颗粒的分布规律，建立了模拟物理淤堵过程模型，该模型可模拟多孔介质中沉积物流体中的悬浮状颗粒物。Thullner 等（2002）研究了生物淤堵对于孔隙尺寸所产生的影响，该项研究中采用二维孔隙网络模型，并设定了两种情形：一是假设微生物是以生物膜的形式生长在每个孔隙的孔隙壁上；二是假设微生物的生长会将孔隙完全淤堵。这两种情形都使得渗透系数发生了至少 2 个数量级的降低，最终的模拟计算结果表明，相比各向同性的孔隙网络，淤堵各向异性孔隙网络所需的生物量更少，模型假定孔隙中的微生物增加与生物膜中氧气扩散和 Monod 动力学有关。李伟等（2013）利用颗粒流方法建立了土工织物 PFC 反滤模型，从细观层面分析了具有土工织物反滤结构的土体中水流挟持颗粒移动的特点及影响因素。Xu 等（2011）以栗西尾矿坝为例，在考虑化学淤堵作用的情况下模拟了辐射排水井的排水量。Li（2014）首次应用 NICA-Donnan 理论模拟了渗滤液排水井中钙元素形成淤堵过程，模拟结果同大量的试验结果相符合。

3. 淤堵现场研究

排水减压井系统在降低坝体渗透压力、保证大坝稳定中起重要作用。在排水减压井的运行过程中，渗流过程携带的物质会随着水流部分或全部堵塞井的滤层孔隙通道，从而使减压井发生淤堵，造成减压井减压效果下降甚至完全失效。肖镇舜等（1994）首先对减压井滤层中的淤堵物质进行了分析，结果发现淤堵物包括氧化铁、少量碳酸盐和有机物质。然后根据土壤氧化还原电位原理，现场研究了减压井淤堵的形成机理以及减压井产生淤堵后的危害，表明减压井效率下降或完全失效的主要原因是化学淤堵，而产生化学淤堵的主要物质为角闪石、黑云母等风化提供的氧化铁。张家发等（2000）对安庆江堤丁马段堤基的渗流场进行了分析和评价，发现从几个典型年份的测压管观测资料可以看出部分减压井已经发生了明显的淤堵现象。Mansur 等（2000）对密西西比河堤段减压井的运行条件、效率、运行性能等相关信息和数据进行了仔细分析，对密西西比河减压井现状进行了归纳和分析，在此基础上在密西西比河现场进行了抽水试验。结果发现密西西比河的减压井在运行的十几年过程中，产生了一定程度的淤堵，导致淤堵的主要物质来源是井中的淤泥和沉积物。

人工湿地系统被广泛应用于城市污水处理。美国已建成的 100 多个湿地系统，在投入使用后的 5 年内，近一半的湿地发生堵塞现象（蒋跃平等，2004）。过度的堵塞会使湿地渗透性降低，处理效果显著下降，湿地的长期运行缺乏保障。Nivala 等（2007）对美国爱荷华州 Jones 县生活垃圾填埋场里的示范性湿地系统进行实地研究后发现，高含量的铁造成了一定程度的淤堵，导致湿地的氧化还原系统停止运行。Nguyen（2000）指出湿地处理污水的能力主要依赖于有机质的积累及周转率，但有机质的积累可能会导致湿地系统的淤堵。

1.2.4　溶质迁移研究

尾矿废水中含有大量的重金属和有机污染物，其在下渗过程中会对坝体及周围地质体产生一定的影响。关于尾矿库中溶质的迁移国内外已进行了大量的研究。

Kargar 等（2012a）调查了伊朗的 Meyduk 尾矿库中 As、Cd、Mo 和 Cu 等溶质的含量，结果表明这些溶质离子会对尾矿坝周围的地下环境产生一定的影响。Kargar 等（2012b）对伊朗 Miduk 尾矿坝下游地下水污染进行污染源识别后发现，尾矿废水中的溶质直接影响着下游地下水的水质。陈怀满等（2005）通过对德兴铜矿尾矿库植被重建后的土壤肥力进行分析后指出，植被重建中不宜种植食用植物，以免危害到人体的健康。付善明等（2007）提到粤北大宝山尾矿库中的重金属离子已严重影响到下游水域的生态环境。Khodadadi 等（2009）对位于伊朗某黄金加工厂的 Muteh 尾矿坝中氰化物发生中和反应的条件进行了研究。薛强等（2004）对尾矿氰化物泄漏后，在地下水中的迁移过程进行了模拟分析。所有研究结果均表明，尾矿库区内的溶质迁移会对下游地下水环境产生影响，应引起大家的广泛关注。

综上所述，在研究尾矿堆积坝类特殊岩土工程稳定性的过程中，坝体会发生淤堵，进而影响坝体的透水性能，使其浸润面升高，增大尾矿坝失稳的可能性，带来安全隐患。之前的研究者对于尾矿坝渗流分析的研究很多，但是对考虑淤堵作用的尾矿坝渗流分析并不多，而淤堵对于尾矿坝渗透系数有着很大的影响，可能致使尾矿砂孔隙堵塞，水位上升，这将大大增加大坝失事的风险。

1.3　　垃圾填埋堆体类特殊岩土工程的发展趋势

近些年来，尽管垃圾填埋堆体方面的研究得到了人们重视，但是国内外仍有垃圾堆体滑坡事件频繁发生。目前，中国已建成的垃圾填埋场多数为山谷型垃圾填埋场。河海大学的钱学德教授是中国较早从事相关研究的学者，他以美国填埋场的相关研究成果为依据对中国垃圾填埋场的稳定性进行了研究，清华大学的刘建国教授则主要对山谷型垃圾填埋场综合稳定性进行了全面分析，浙江大学陈云敏、柯翰、胡敏云等从与垃圾填埋场安全稳定性等相关的工程特性参数方面进行了探讨，但由于生活垃圾填埋场的特性较复杂，故目前仍未形成较成熟的认识（孙继军等，2003）。本书分别从垃圾的工程特性、填埋场中渗滤液分布、边坡稳定性三个方面对国内外生活垃圾填埋场的研究情况进行概述。

1.3.1　垃圾工程特性研究

1. 垃圾堆体的物理力学特性

垃圾的主要物理力学特性包括抗剪强度和重度两个方面，但由于垃圾土本身的不均匀性和取样的限制，确定垃圾土的抗剪强度等指标存在较大的困难。Kockel 等（1995）采用复合材料模型将垃圾分为"基本相"和"加筋相"两个部分，"基本相"是指垃圾中的颗粒状材料；而"加筋相"是指垃圾中的纤维状材料，这种材料在垃圾发生变形时产生黏聚力，故垃圾的抗剪强度主要取决于这种材料的黏合强度。陈云敏等（2009）通过试验研究了垃圾组成成分、填埋方法及环境对垃圾强度特性的影响，并分析了垃圾填埋场中普遍存在的问题。徐永福等（2006）通过对江苏泰州市垃圾物理成分、重度、含水量及可燃物含量的分析，得出适用于填埋法处理该城市垃圾，为填埋场的设计提供依据。詹良通等（2008）研究了垃圾的抗剪强度参数随着填埋龄期的变化规律，在一个应变水平下，垃圾的凝聚力随着填埋龄期的增加而降低，而内摩擦角随之增大。Zornberg 等（1999）采用地震波法测定了美国南加州垃圾填埋场的垃圾重度情况，得到了距离垃圾表层 $8\sim50\mathrm{m}$ 的垃圾重度值，其取值为 $10\sim15\mathrm{kN/m^3}$。Zekkos 等（2006, 2010）通过研究得出了 $30\mathrm{m}$ 深处垃圾的平均重度为 $12\mathrm{kN/m^3}$，并且他们提出了美国垃圾重度随填埋深度的变化规律曲线，展示了三种情况下垃圾重度和填埋深度的关系，得出垃圾重度增长的速率随着填埋深度的增加而减小。随后又得出垃圾的重度会影响其抗剪强度，当垃圾的组成成分及各成分含量相同时，垃圾重度减少 $2\mathrm{kN/m^3}$，抗剪强度随之减少 20%。因此，垃圾的重度也是影响垃圾稳定性的另一个重要特性。结合我国部分垃圾填埋场的情况，涂帆等（2008）对 Zekkos 等提出的这三条曲线进行了改进，发现随着填埋深度的增加垃圾重度的增长速率逐渐减缓。对于压实较轻的垃圾土，重度随着垃圾填埋深度的变化较为明显，在距离表层 $0\sim60\mathrm{m}$ 深度，垃圾的天然重度从 $5\mathrm{kN/m^3}$ 增长到 $12\mathrm{kN/m^3}$；而对于压实程度较高的垃圾土，垃圾天然重度变化较不明显，为 $15.5\sim16.5\mathrm{kN/m^3}$；一般压实的垃圾土天然重度分布曲线位于两者之间，为 $10\sim14\mathrm{kN/m^3}$。

2. 垃圾堆体的渗流特性

为了减少填埋场事故的发生，渗流特性的研究也极其重要，垃圾的渗透特性直接影响填埋场内渗滤液水位的高低和分布情况，从而极大程度地影响了填埋场的稳定性。国内外许多学者对填埋场垃圾渗透系数做了大量研究。柯瀚等（2013）分别采用常水头渗透试验和大尺寸三轴渗透试验测试了实验室自制垃圾的饱和渗透系数，得出压实程度和填埋深度对饱和渗透系数影响较大。Powrie 等（1999）通过一系列模型试验测得了填埋场的水力特性，为渗滤液水位的影响和控制提供依据。李明英等（2014）总结了影响垃圾渗透系数的几个因素，包括垃圾密度、垃圾组分、降解程度和压实程度等，并提出了调节渗透系数的两种方法，即改变影响因素和加入惰性材料。国内外各垃圾填埋场饱和渗透特性试验的研究情况汇总见表 1.3。

表 1.3　国内外各垃圾填埋场饱和渗透特性分布情况

数据来源	埋深/m	重度/(kN/m³)	饱和渗透系数/（m/s）	试验方法	垃圾来源
Bleiker 等（1993）	—	5.9～11.8 （干重度）	$1.0×10^{-10}～3.0×10^{-9}$	变水头试验	Keele Valley 填埋场 降解试样
Gabr 等（1995）	—	7.4～8.2 （干重度）	$1.0×10^{-7}～1.0×10^{-5}$	常水头及变水 头试验	—
Townsend 等（1995）	—	—	$3.0×10^{-8}～4.0×10^{-8}$	大尺寸试坑渗 透试验	美国佛罗里达填埋场
Landva 等（1998）	—	—	$2.0×10^{-8}～2.0×10^{-5}$	常水头试验	加拿大填埋场
Jang 等（2002）	—	7.8～11.8 （天然重度）	$2.9×10^{-6}～3.0×10^{-5}$	常水头试验	韩国填埋场
瞿贤 等（2005）	—	7.35～9.3 11.8～11.4 （天然重度）	$1.3×10^{-5}～1.4×10^{-5}$ $1.4×10^{-6}～8.3×10^{-6}$	常水头试验	中国新鲜垃圾 陈垃圾
介玉新 等（2005）	—	9.8～16.0 （天然重度）	$3.1×10^{-10}～1.8×10^{-5}$	自制渗透试验 装置	中国重组垃圾
Koerner 等（2005）	—	—	$1.2×10^{-4}～6.9×10^{-4}$	—	—
柯瀚 等（2006）	—	—	$1.0×10^{-6}～1.0×10^{-5}$	—	杭州天子岭填埋场
Durmusoglu 等（2006）	—	—	$4.7×10^{-6}～1.2×10^{-4}$	变水头试验	美国德克萨斯州 填埋场
Jain 等（2006）	3～6 6～12 12～18	—	$5.4×10^{-8}～6.1×10^{-7}$ $5.6×10^{-8}～2.3×10^{-7}$ $7.4×10^{-8}～1.9×10^{-7}$	钻孔渗透仪	—
Olivier 等（2007）	—	—	$1.0×10^{-6}～1.0×10^{-4}$	变水头试验	法国填埋场
Hossain 等（2009）	—	6.4～9.3 （干重度）	$8.0×10^{-6}～1.0×10^{-4}$	常水头试验	—
Reddy 等（2009）	—	3.1～9.4 4.0～13.0 （干重度）	$7.8×10^{-7}～2.0×10^{-3}$ $4.9×10^{-7}～2.0×10^{-3}$	钢壁常水头 试验	美国伊利诺斯州 填埋场
Stoltz 等（2010）	—	3.56～5.9 4.8～5.9 （干重度）	$4.9×10^{-6}～1.6×10^{-3}$ $1.1×10^{-5}～1.0×10^{-4}$	—	法国新鲜垃圾
沈磊（2011）	4.0～10.4 9～15 2	—	$2.9×10^{-7}～5.0×10^{-6}$ $2.1×10^{-6}～9.0×10^{-6}$ $7.7×10^{-6}$	分级压力试验 现场试验 现场试验	苏州七子山填埋场 成都长安填埋场

　　可以发现，填埋场中生活垃圾饱和渗透系数范围很大，在 $1.0×10^{-10}～2.0×10^{-3}$ m/s，同一垃圾填埋场的饱和渗透系数范围也很大，大多相差两个到三个数量级，且中

国填埋场垃圾饱和渗透系数相比其他国家的较大，这是由于各国的垃圾压实工艺存在差距。

1.3.2　垃圾堆体渗滤液分布规律研究

垃圾填埋堆体内渗滤液主要来源于降水、地下水侵入、地表径流、灌溉水、垃圾自身所含水分以及垃圾生物化学反应所产生的水分，其中降水入渗是渗滤液的主要来源（赵平, 2007）。降水量的大小直接影响着渗滤液量的多少，降水一部分会形成地表径流，另一部分从地表下渗，有的液体通过垃圾层间的导排层排出填埋场，未排出的液体则进入垃圾层，形成渗滤液。董志高等（2010）通过对填埋场周边环境的分析得出，渗滤液是影响周边环境的最主要因素，需要提高填埋场防渗和导排系统的性能来减少污染。在美国正在使用的 18500 个填埋场中，有接近一半的填埋场渗滤液发生不同程度的渗漏，对周围地下水造成了污染（郑铁鑫, 1999）。Koerner 等（2000a）通过对美国 10 多个填埋场的失稳情况调查，发现渗滤液水位过高是诱发其发生失稳的主要原因，随着渗滤液水位的升高，使得孔隙水压力增大，从而导致垃圾的抗剪强度减小，对填埋场的稳定不利。因此，垃圾填埋场内渗滤液水位对周边环境及填埋场的稳定性有非常大的影响作用。

垃圾填埋体中渗滤液存在三种水位形式，包括滞水位、导排层水位和潜水位，其渗滤液水位的存在形式及分布的位置如图 1.2 所示。在填埋垃圾时，为了减小填埋过程中的降水入渗量，在暂时不进行填埋作业的区域内覆盖渗透系数较小的土层，即"中间覆盖层"。在上部再填埋垃圾时，渗滤液受水头驱动向下流动，并且当降水入渗量大于覆盖土层的渗透量时，中间覆盖层上部就会聚集大量的渗滤液，形成局部滞水（Dixon et al., 2005）。然而，对我国的一些填埋场研究发现，即使不存在中间覆盖层也可能会出现局部滞水，而滞水位对垃圾填埋场的稳定性影响非常大，因此有必要研究滞水位产生的原因、形成条件等。填埋场水位除了滞水位外，还包括潜水位和导排层水位。填埋场底部设有将渗滤液收集并排出填埋场的排水系统，美国环保局规定导排层水位不允许超过 30cm。而实际上，由于物理或化学作用导致导排系统随时间的增长会产生淤堵，使得导排层上积聚大量的渗滤液，导排层水位上升为潜水位，可达几十米高。1989 年，Mcenroe（1989, 1993）在标准 Dupuit 假定的基础上给出了计算隔离层上浸润水头最大值的公式，随后在扩展 Dupuit 假定的基础上推导了隔离层上浸润水头最大值的解析解，这个方法被认为是目前渗滤液最大饱和深度计算的最好方法。国内也有许多学者对渗滤液分布情况做了许多研究。王洪涛等（2003）考虑了垃圾的不均匀性，建立了饱和-非饱和渗流数学模型，分析了填埋体内水分运移规律。张文杰等（2007）通过对垃圾填埋体中饱和-非饱和渗流分析，以及对土单元二维渗流分析建立了控制方程，分析了导排层渗滤液水位的增长规律。钱磊等（2013）分析了不同参数对填埋场渗滤液水位分布的影响，结果表明降雨强度和垃圾饱和渗透系数对渗滤液水位的增长影响显著。刘学等（2015）采用 FLAC 软件分析了不同降雨情况下山谷型填埋场的渗滤液水位情况，得出突遇暴雨和连续降雨情况下渗滤液水位会急剧上升，并且连续降雨较暴雨对填埋场稳定性影响更为严重。

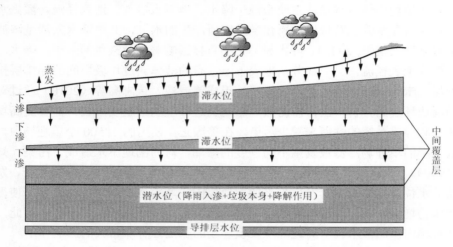

图 1.2　填埋场中渗滤液水位存在形式及分布位置

1.3.3　垃圾堆体边坡稳定研究

垃圾填埋堆体的稳定分析包括搜索最危险滑动面和计算最小安全系数。通常采用三种方法来搜索最危险滑动面：摩尔-库仑准则法（Greco, 1996）、遗传进化算法（Manouchehrian et al., 2014; Gao, 2014; 吕文杰等, 2005）和模拟退火法（刘华强等, 2008; 何则干等, 2004; Chen, 2003）等。计算最小安全系数的方法有有限单元法、极限分析法和极限平衡法。也有一部分学者根据相应的理论编写程序来搜索滑动面并计算安全系数。通常计算垃圾堆体边坡稳定性采用的是 Geo-Studio软件中的 SLOPE/W 模块，SLOPE/W 模块包括极限平衡方法中的各个方法，包括简化毕肖普法、瑞典圆弧法、Morgenstein-Price 法（M-P 法）等。垃圾填埋场的安全等级，应该按垃圾堆体边坡坡高及破坏后可能造成的后果，并根据《生活垃圾卫生填埋场岩土工程技术规范》（CJJ 176—2012）来最终确定，如表 1.4 所示。

表 1.4　垃圾填埋场边坡工程设计安全等级（CJJ 176—2012）

安全等级	垃圾堆体边坡坡高 H/m
一级	$H \geqslant 60$
二级	$30 \leqslant H < 60$
三级	$H < 30$

边坡稳定问题是岩土工程、水利工程等存在的重要问题，关系到人民的生命财产安全，并且对国家的建设有重要的意义。为了减少填埋场事故的发生，许多学者对垃圾填埋场的失稳情况进行了研究。例如，Eid 等（2000）采用现场试验和室内试验对垃圾填埋场边坡失稳变形的剪切强度进行研究，得出了垃圾填埋体的边坡稳定性主要在于填埋体中塑料和其他材料的互相连接作用，并使竖直斜坡数月至数年保持稳定。Koerner 等（2000b）在假定渗滤液水位的条件下，研究了渗滤液相对水位与最小安全系数的关系。长期研究发现，结合垃圾的力学特性，可以采用有限元模拟法和极限平衡法进行填埋场的稳定性分析（Gharabaghi et al., 2008）。Zheng（2012）提出了用三维 M-P 法计算填埋场的稳定性。Xu 等（2013）采用数值计算研究了渗滤液溢出点的关键位置，并且提出了减少渗滤液渗漏量和提高填埋场稳定性的措施。Zhu 等（2001）结合 M-P 法编写程序，计算了填埋场的安全系数。张文杰等（2007）通过室内试验测得了垃圾饱和渗透系数和土-水特征曲线，推导其渗透性函数，并分别计算了存在中间覆盖层和截洪沟失效情况下填埋场的稳定性。Zhang 等（2013）通过现场和室内试验测定了中国南方的一个填埋场的渗透系数，并对饱和与非饱和渗流进行了分析，进而研究其稳定性。

参 考 文 献

柴军瑞, 李守义, 李康宏, 等, 2005. 米箭沟尾矿坝加高方案渗流场数值分析[J]. 岩土力学, 26(6): 973-977.

陈存礼, 何军芳, 胡再强, 等, 2006. 动荷作用下饱和尾矿砂的孔压和残余应变演化特性[J]. 岩石力学与工程学报, 25(增 2): 4034-4039.

陈殿强, 王来贵, 李根, 2008. 尾矿坝稳定性分析[J]. 辽宁工程技术大学学报(自然科学版), 6(3): 359-361.

陈怀满, 郑春荣, 周东美, 等, 2005. 德兴铜矿尾矿库植被重建后的土壤肥力状况和重金属污染初探[J]. 土壤学报, 42(1): 29-36.

陈云敏, 柯瀚, 2009. 城市生活垃圾的工程特性及填埋场的岩土工程问题[J]. 工程力学, 22(增刊): 119-126.

丁军明, 黄德铺, 2006. 尾矿库危险源辨识及事故预防[J]. 矿业快报, 39(7): 24-27.

董志高, 李枫, 吴继敏, 等, 2010. 垃圾填埋场对周边地质环境影响与防治对策[J]. 地质灾害与环境保护, 21(1): 15-20.

付善明, 周永章, 张澄博, 等, 2007. 粤北大宝山矿尾矿铅污染迁移及生态系统环境响应[J]. 现代地质, 21(3): 570-577.

付长生, 赵坚, 沈振中, 等, 2011. 淤堵试验中"驼峰形"k-t 曲线形成的影响因素分析[J]. 水利水电科技进展, 31(6): 19-22.

何则干, 陈胜宏, 2004. 遗传模拟退火算法在边坡稳定分析中的应用[J]. 岩石力学, 25(2): 316-319.

洪梅, 张博, 李卉, 2011. 生活垃圾填埋场对地下水污染的风险评价[J]. 环境污染与防治, 33(3): 88-95.

吉峰, 邓东升, 洪振舜, 等, 2013. 高含水率疏浚淤泥真空淤堵气模型[J]. 土木建筑与环境工程, 35(1): 26-31.

姜华, 吴波, 2008. 城市生活垃圾处理现状、趋势及对策建议[J]. 电力环境保护, 24(1): 50-52.

蒋跃平, 葛滢, 岳春雷, 等, 2004. 人工湿地植物对观赏水中氮磷去除的贡献[J]. 生态学报, 24(8): 1720-1725.

介玉新, 旦增顿珠, 魏弋峰, 2005. 垃圾土的渗透特性试验[J]. 岩土工程技术, 19(6): 307-310.

金佳旭, 梁力, 陈天宇, 等, 2013. 尾矿坝渗流计算及排渗设计[J]. 金属矿山, 444(6): 155-157.

金松丽, 徐宏达, 张伟, 等, 2012. 尾矿坝排渗技术的研究现状[J]. 现代矿业, (7): 35-38.

柯瀚, 冉龙, 陈云敏, 等, 2006. 垃圾体渗透性试验及填埋场水文分析研究[J]. 岩土工程学报, 28(5): 631-634.

柯瀚, 王文芳, 魏长春, 等, 2013. 填埋体饱和渗透系数影响因素室内研究[J]. 浙江大学学报(工学版), 47(7): 1164-1177.

李明英, JAE H K, 徐期勇, 2014. 填埋垃圾渗透系数的研究进展[J]. 环境工程, 32(8): 80-88.

李识博, 王常明, 王钢城, 等, 2012. 松散堆积物坝基渗流淤堵试验及颗粒流那模拟[J]. 水力学报, 43(10): 1163-1170.

李识博, 王常明, 王钢城, 等, 2013. 粗粒土淤堵模式判别及最优淤堵粒径区间确定[J]. 水力学报, 44(10): 1217-1224.

李伟, 赵坚, 沈振中, 等, 2013. 模拟土工织物反虑作用的颗粒流分析方法[J]. 水电能源科学, 31(4): 106-110.

李学民, 郑海远, 2009. 首钢孟家冲尾矿坝渗流稳定分析[J]. 中国安全科学学报, 19(3): 113-118.

李政, 张振柱, 2006. 洛南县黄龙钼业小区尾矿库安全管理探析——由镇安黄金尾矿库发生溃坝引发的思考[J]. 中国防汛抗旱, (4): 57-58.

梁英梅, 张立秋, 王越超, 等, 2010. 垃圾填埋场空气微生物污染及评价[J]. 生态环境学报, 19(5): 1073-1077.

刘华强, 陆明志, 殷宗泽, 2008. 基于模拟退火算法的边坡临界滑面搜索方法[J]. 岩石力学与工程学报, 27(增 2): 3686-3691.

刘学, 蒋中明, 谭文帅, 等, 2015. 西南某山谷型填埋场二维渗流场研究[J]. 吉林水利, (5): 4-8.

柳厚祥, 李宁, 廖雪, 等, 2004. 考虑应力场与渗流场耦合的尾矿坝非稳定渗流分析[J]. 岩石力学与工程学报, 23(17): 2870-2875.

路美丽, 崔莉, 2004. 影响尾矿库渗流场的因素分析[J]. 中国安全科学学报, 14(6): 17-20.

路美丽, 崔莉, 2006. 复杂地形尾矿坝的三维渗流分析[J]. 岩土力学, 27(7): 1176-1180.

吕文杰, 李晓军, 朱合华, 2005. 基于遗传算法的边坡稳定分析通用算法[J]. 岩土工程学报, 27(5): 595-599.

马池香, 秦华礼, 2008. 基于渗透稳定性分析的尾矿库坝体稳定性研究[J]. 工业安全与环保, 9(9): 32-34.

聂永丰, 刘富强, 王进军, 2000. 我国城市垃圾焚烧技术发展方向探讨[J]. 环境科学研究, 13(3): 20-30.

宁民霞, 王振伟, 殷新宇, 2006. 水对尾矿坝的稳定性影响研究[J]. 矿业快报, (5): 43-44.

钱磊, 沈磊, 柯瀚, 2013. 填埋场渗滤液水位的形成及增长规律分析[J]. 安全与环境学报, 13(1): 88-91.

钱学德, 郭志平, 施建勇, 等, 2001. 现代卫生填埋场的设计与施工[M]. 北京: 中国建筑工业出版社.

瞿贤, 何品晶, 邵立明, 等, 2005. 城市生活垃圾渗透系数测试研究[J]. 环境污染治理技术与设备, 6(12): 13-17.

山西省安全管理局. "5·18"尾矿库溃坝事故分析[J]. 劳动保护, 2007, (12).

闪淳昌, 张振东, 钟开斌, 等, 2011. 襄汾 "9·8" 特别重大尾矿库溃坝事故处置过程回顾与总结[J]. 中国应急管理, (10): 13-18.

沈磊, 2011. 城市固体废弃物填埋场渗滤液水位及边坡稳定分析[D]. 杭州: 浙江大学硕士学位论文.

速宝玉, 赵坚, 张祝添, 1994. 正置模型在尾矿坝空间渗流场电模拟试验中的应用[J]. 金属矿山, 213: 27-29.

孙继军, 曾照明, 卢继强, 等, 2003. 城市垃圾填埋场安全稳定性分析[J]. 重庆环境科学, 25(12): 30-31.

涂帆, 钱学德, 2008. 中美垃圾填埋场垃圾土的重度、含水量和相对密度[J]. 岩石力学与工程学报, 27(增 1): 3075-3081.

王东, 沈振中, 陶小虎, 2012. 尾矿坝渗流场三维有限元分析与安全评价[J]. 河海大学学报(自然科学版), 40(3): 307-312.

王洪涛, 殷勇, 2003. 渗滤液回灌条件下生化反应器填埋场水分运移数值模拟[J]. 环境科学, 24(2): 66-72.

王会芬, 董羽蕙, 2010. 尾矿坝渗流场的计算与分析[J]. 科学技术与工程, 10(24): 5860-5867.

魏宁, 茜平一, 张波, 等, 2005. 软基处理工程的有限元数值模拟[J]. 岩石力学与工程学报, 24(增 2), 5789-5794.

肖振舜, 汪在芹, 1994. 减压井灌淤堵机理的物理化学试验研究[J]. 水利学报, 3: 19-25.

徐永福, 兰守奇, 王艳明, 等, 2006. 城市生活垃圾的工程特性[J]. 江苏环境科技, 19(3): 20-23.

薛强, 梁冰, 刘建军, 2004. 尾矿氰化物渗漏对地下水污染的动力学模型[J]. 辽宁工程技术大学学报, 23(2): 178-181.

尹光志, 敬小非, 魏作安, 等, 2010a. 尾矿坝溃坝相似模拟试验研究[J]. 岩石力学与工程学报, 29(s2): 3830-3838.

尹光志, 李愿, 魏作安, 等, 2010b. 洪水工况下尾矿库浸润面变化规律及稳定性分析[J]. 重庆大学学报, 33(3): 72-86.

尹光志, 魏作安, 万玲, 2003. 龙都尾矿库地下渗流场的数值模拟分析[J]. 岩土力学, 24(s): 25-28.

詹良通, 魏海云, 陈云敏, 等, 2008. 垃圾原状样的力学压缩性及其与填埋龄期的关系[J]. 浙江大学学报(工学版), 42(2): 353-358.

张家发, 吴志广, 许季军, 等, 2000. 安庆江堤现有减压井运行效果初步分析[J]. 长江科学院院报, 17(4): 38-40, 44.

张文杰, 2007. 城市生活垃圾填埋场中水分运移规律研究[D]. 杭州: 浙江大学博士学位论文.

张文杰, 詹良通, 陈云敏, 等, 2007. 垃圾填埋体中非饱和-饱和渗流分析[J]. 岩石力学与工程学报, 26(1): 87-93.

张元瑞, 吴宜明, 2004. 辐射井排渗在栗西尾矿坝中的应用[J]. 安徽地质, 14(3): 217-218, 227.

赵坚, 纪伟, 刘志敏, 2003. 尾矿坝地质剖面概化及其对渗流场计算的影响[J]. 金属矿山, (12): 24-27.

赵平, 2007. 垃圾填埋场渗滤液及产生量的控制措施[J]. 环境科学与管理, 32(1): 103-106.

郑铁鑫, 1999. 城市垃圾处理场对地下水的污染[J]. 环境科学, 10(3): 89-92.

中华人民共和国住房和城乡建设部, 2012. 生活垃圾卫生填埋场岩土工程技术规范(CJJ 176—2012)[S]. 北京: 中国建筑工业出版社.

周源, 高玉峰, 陶辉, 2010. 疏浚淤泥中的拱架结构防淤堵机理[J]. 土木建筑与环境工程, 32(2): 7-13.

ALLISON L E, 1947. Effect of microorganisms on permeability of soil under prolonged submergence[J]. Soil Science, 63: 439-450.

AZAM S, LI Q R, 2010. Tailings dam failures: A review of the last one hundred years[J]. Waste Geo Technics: 50-53.

BAKKER M, KELSON V A, LUTHER K H, 2005. Multilayer analytic element modeling of radial collector wells[J]. Ground Water, 43(6): 926-934.

BERKUN M, ARAS E, NEMLIOGLU S, 2005. Disposal of solid waste in Istanbul and along the Black Sea coast of Turkey[J]. Waste Management, 25(8): 847-855.

BLEIKER D, MCBEAN E, FARQUHAR G, 1993. Refuse sampling and permeability testing at the Brock West and Keele Valley landfills[C]. International Madison Waste Conference Municipal and Industrial Waste, Department of Engineering Professional Development, Madison.

BLIGHT G, 2008. Slope failures in municipal solid waste dumps and landfills: a review[J]. Waste Management and Research, 26(5): 448-463.

BRUNO B, ROBERT P C, MICHEL A, 2003. Unsaturated flow modeling for exposed and covered tailings dams[C]. The Montreal ICOLD Conference, Montreal: 1-20.

BYRNE P M, SEID K M, 2003. Seismic Stability of Impoundments[C]. 17th Annual Symposium, Vancouver Geotechnical Society, Vancouver: 77-84.

CHEN X, GENG Y, FUJITA T, 2010. An overview of municipal solid waste management in China[J]. Waste Management, 30 (4): 716-724.

CHEN Y M, 2003. Location of critical failure surface and some further studies on slope stability analysis[J]. Computers and Geotechnics, 30(3): 255-267.

CUNNINGHAM A B, CHARACKLIS W G, ABEDEEN F, et al., 1991. Influence of biofilm accumulation on porous media hydrodynamics[J]. Environmental Science & Technology, 25: 1305-1311.

DEBARGHYA C, DEEPANKAR C, 2009. Investigation of the behavior of tailings earthen dam under seismic conditions, American[J]. Journal of Engineering and Applied Sciences, 2(3): 559-564.

DIMKIČ M, PUŠIĆ M, VIDOVIĆ D, et al., 2011. Numerical model assessment of radial-well aging[J]. Journal of Computing Civil Engineering, 25(1): 43-49.

DIXON N, JONES D R V, 2005. Engineering properties of municipal solid waste[J]. Geotextiles and Geomembranes, 25(3): 205-233.

DURMUSOGLU E, SANCHEZ I M, CORAPCIOGLU M Y, 2006. Permeability and compression characteristics of municipal solid waste samples[J]. Environmental Geology, 50(6): 773-786.

EID H, STARK T, EVANS W, et al., 2000. Municipal solid waste slope failure. I: waste and foundation soil properties[J]. Journal of Geotechnical and Geoenvironmental Engineering, 126 (5): 397-407.

GABR M A, VALERO S N, 1995. Geotechnical properties of municipal solid waste[J]. Geotech Test J ASTM, 18(2): 241-251.

GAO W, 2014. Forecasting of landslide disasters based on bionics algorithm(Part 1: Critical slip surface searching)[J]. Computers and Geotechnics, 6(7): 370-337.

GHARABAGHI B, SINGH M K, INKRATAS C, et al., 2008. Comparison of slope stability in two Brazilian municipal landfills[J]. Waste Management, 28 (9): 1509-1517.

GRECO V R, 1996. Efficient Monte Carlo technique for locating critical slip surface[J]. Journal of Geotechnical Engineering, 122(7): 517-525.

HOSSAIN M S, PENMETHSA K K, HOYOS L, 2009. Permeability of municipal solid waste in bioreactor landfill with degradation[J]. Geotechnical and Geological Engineering, 27(1): 43-51.

HUA G F, ZHU W, ZHAO L F, 2010. Clogging pattern in vertical-flow constructed wetlands: Insight from a laboratory study[J]. Journal of hazadous materials, 180(1-3): 668-674.

HUANG C Y, LEE C C, LI F C, et al., 2002. The seasonal distribution of bioaerosols in municipal landfill site: a 3-yr study[J]. Atmospheric Environment, 36(27): 4385-4390.

ICOLD, 2001. Tailings dams—risk of dangerous occurrences, lessons learnt from practical experiences[C]. Bulletin 121, United Nations Environmental Programme (UNEP) Division of Technology, Industry and Economics (DTIE) and International Commission on Large Dams (ICOLD), Paris.

JAIN P, POWELL J, TOWNSEND T G, et al., 2006. Estimating the hydraulic conductivity of landfilled municipal solid waste using the borehole permeameter test[J]. Journal of Environmental Engineering, ASCE, 132(6): 645-652.

JANG Y S, KIM Y W, LEE S I, 2002. Hydraulic properties and leachate level analysis of Kimpo metropolitan landfill, Korea[J]. Waste Management, 22(3): 261-267.

JONES L A, RUTLEDGE E M, SCOTT H D, et al., 1993. Effects of two earthworm species on movement of septic tank effluent through soil columns[J]. Journal of environmental quality, 22: 52-57.

KAISER C, 1997. A directed percolation model for clogging in a porous medium small inhomogeneities[J]. Transport in Porous Media, 26(2): 133-146.

KANDRA H S, MCCARTHY D, FLETCHER T D, 2014. Assessment of clogging phenomena in granular filter media used for stormwater treatment[J]. Journal of hydrology, 512: 518-527.

KARGAR M, KHORASANI N, KARAMI M, et al., 2012a. An investigation on As, Cd, Mo and Cu contents of soils surrounding the Meyduk tailings dam[J]. International Journal of Environmental Research, 6(1): 173-184.

KARGAR M, KHORASANI N, KARAMI M, et al., 2012b. Statistical source identification of major and trace elements in groundwater downward the tailings dam of Miduk Copper Complex, Kerman, Iran[J]. Environmental Monitoring and Assessment, 184(10): 6173-6185.

KELM U, HELLE S, 2005. Acid leaching of malachite in synthetic mixtures of clay and zeolite-rich gangue.An experimental approach to improve the understanding of problems in heap leaching operations [J]. Applied Clay Science, 29: 187-198.

KELSON V A, BAKKER M, WITTMAN J F, 2005. Bessel analytic element system and method for collector well placement[P]. United States, 0171750.

KHODADADI A, MONJEZI M, MEHRPOUYA H, et al., 2009. Geochemical modeling of cyanide in tailing dam gold processing plant[J]. Environmental Geology, 58(6): 1161-1166.

KIM G, KOO J, SHIM J, et al., 1999. A study of methods to reduce groundwater contamination around a landfill in Korea[J]. Journal of Environmental Hydrology, 7: 1-9.

KIM G, SHON J, WON H, et al., 2002. A study of methods to reduce groundwater contamination around the Kimpo landfill in Korea[J]. Environmental Technology, 23(5): 561-570.

KOCKEL R, JESSBERGER H L, 1995. Stability evaluation of municipal solid waste slopes[C]. Proceedings of 11th ECSMFE, Copenhagen, Denmark, Danish Geotechnical Society, Bulletin.

KOELSCH F, FRICKE K, MAHLER C, et al., 2005. Stability of landfills-the Bandung dumpsite disaster[C]. Proceedings Sardinia, Sardinia.

KOERNER R G, EITH W A, 2005. Drainage capability of fully degraded MSW with respect to various leachate collection and removal systems[J]. Geotechnical Special Publication, ASCE, 130: 4233-4237.

KOERNER R M, SOONG T Y, 2000a. Stability assessment of ten large landfill failures[C]. Advances in Transportation and Geoenvironmental Systems Using Geosynthetics, Proceedings of Sessions of GeoDenver 2000, Denver, CD: ASCE Geotechnical Special Pubilcation, 10(3): 1-38.

KOERNER R M, SOONG T Y, 2000b. Leachate in landfills: the stability issues[J]. Geotextiles and Geomembranes, 18(5): 293-309.

KONIKOW L F, HORNBERGER G Z, Halford K J, et al., 2009. Revised multi-node well (MNW2) package for MODFLOW ground-water flow model[CP]. U.S. Geological Survey, Techniques and Methods 6-A30.

KROENING D E, SNIPES D S, BRAME S E, et al., 1996. The rehabilitation of monitoring wells clogged by Calcite precipitation and drilling mud[J]. Ground Water Mointoring & Remediation, 16(2):114-123.

LANDVA A, PELKEY S, VALSANGKAR A, 1998. Coefficient of permeability of municipal refuse[C]. Proceedings of the 3rd International Congress on Environmental Geotechnics, Lisbon.

LEE E, HYUN Y, LEE K K, 2010. Numerical modeling of groundwater flow into a radial collector well with horizontal arms[J]. Geosciences Journal, 14(4): 329-446.

LI Z Z, 2014. Modeling precipitate-dominant clogging for landfill leachate with NICA-Donnan theory[J]. Jounal of hazadous materials, 274: 413-419.

LOU X F, NAIR J, 2009. The impact of landfilling and composting on greenhouse gas emissions: a review[J]. Bioresource Technology, 27(1): 12-16.

LUDVIGSEN L, ALBRECHTSEN H J, Heron G, et al., 1998. Anaerobic microbial redox processes in a landfill leachate contaminated aquifer(Grindsted Denmark)[J]. Journal of Contaminant Hydrology, 33(3-4): 273-291.

LOZADA D S D, VANDEVIVERE P, BAVEYE P, et al., 1994. Decrease of the hydraulic conductivity of sand columns by Methanosarcina barkeri[J]. World Journal of Microbiology and Biotechnology, 10: 325-333.

MANOUCHEHRIAN A, GHOLAMNEJAD J, SHARIFZADEH M, 2014. Development of a model for analysis of slope stability for circular mode failure using genetic algorithm[J]. Environmental Earth Sciences, 71(3): 1267-1277.

MANSUR C I, POSTOL G, SALLY J R, 2000. Performance of Relief Well Systems along Mississippi River Levees[J]. Journal of Geotechnical and Geoenvironme Engineering, 126(8): 727-738.

MARTIN T, 2010. Comparison of bioclogging effects in saturated porous media within one-dimensional and two-dimensional flow systems[J]. Ecological Engineering, 36(2): 176-196.

MAYS D C, HUNT J R, 2007. Hydrodynamic and chemical Factors in clogging by montmorillonite in porous media[J]. Environmental Science & Technology, 41(16): 5666-5671.

MCENROE B M, 1989. Steady drainage of landfill covers and bottom liners[J]. Journal of Environmental Engineering, ASCE, 115(6): 1114-1122.

MCENROE B M, 1993. Maximum saturated depth over landfill liners[J]. Journal of Environmental Engineering, ASCE, 119(2): 262-270.

MCWHORTER D B, SUNADA D K, 1997. Groundwater hydrology and hydraulics[M]. Englewood(Colo): Water resources publications, 26(4): 232-239.

MERRY S M, KAVAZANJIAN JR E, FRITZ W U, 2005. Reconnaissance of the July 10, 2000, Payatas landfill failure[J]. Journal of Performance of Constructed Facilities, 19(2): 100-107.

MILOJEVIC M, 1963. Radial collector wells adjacent to the riverbank[J]. Journal of the Hydraulics Division, 89(6): 133-151

MIYAZAKI T, HASEGAWA S, KASUBUCHI T, 1993. Effects of microbiological factors on water flow in soil[J]. Marcel Dekker, New York, Water flow in soils: 197-220.

NGUYEN L M, 2000. Organic matter composition, microbial biomass and microbial activity in Gravel-bed construted wetlands treating farm dairy wastewaters[J]. Ecological Engineering, 16: 199-221.

NIVALA J, HOOS M B, CROSS C, et al., 2007. Treatment of landfill leachate using an aerated, horizontal subsurface-flow constructed wetland[J]. Science of the total environment, 380(1-3): 19-27.

NUKUNYA T, DEVINNY J S, TSOTSIS T T, 2005. Application of a pore network model to a biofilter treating ethanol vapor[J]. Chemical Engineering Science, 60(3): 665-675.

OLIVIER F, GOURC J P, 2007. Hydro-mechanical behavior of municipal solid waste subject to leachate recirculation in a large-scale compression reactor cell[J]. Waste Management, 27(1): 44-58.

PATEL H M, ELDHO T I, RASTOGI A K, 2010. Simulation of radial collector well in shallow alluvial riverbed aquifer using analytic element method[J]. Journal of irrigation and Drainage Engineering, 136(2): 107-119.

PATEL H M, SHAH C R, SHAH D L, 1998. Modeling of radial collector well for sustained yield: A case study[C]. Proceedings International Conference MODFLOW 98, Colorado.

PLEWES H D, MACDONALD T, 1996. Investigation of chemical clogging of drains at Inco's central area tailings dams[C]. In tailings and mine waste' 96 proceedings, Rotterdam: Balkema, 59-72.

POWRIE W, BEAVEN R P, 1999. Hydraulic properties of household waste and implications for landfills[J]. Geotechnical Engineering, 137(4): 235-247.

RAY C, PROMMER H, 2006. Clogging-induced flow and chemical transport simulation in riverbank filtration systems[M]//Stephen A. Riverbank Filtration Hydrology. Netherlands: Springer, 155-177.

REDDY K R, HETTIARACHCHI H, PARAKALLA N, et al., 2009. Hydraulic conductivity of MSW in landfills[J]. Journal of Environmental Engineering, ASCE, 135(8): 677-683.

RICO M, BENITO G, SALGUEIRO A R, et al., 2008. Reported tailings 355 dam failures a review of the European incidents in the worldwide context[J]. Journal of Hazardous Materials, 152: 846-852.

RINCK-PFEIFFER S, RAGUSA S, SZTAJNBOK P, et al., 2000. Interrelationships between biological chemical and physical processes as an analog to clogging in aquifer storage and recovery (ASR) wells[J]. Water Research, 34(7): 2110-2118.

SEKI K, MIYAZAKI T, NAKANO M, 1998. Effects of microorganisms on hydraulic conductivity decrease in infiltration[J]. European journal of soil science, 49: 2231-236.

STOLTZ G, GOURC J P, OXARANGO L, 2010. Liquid and gas permeabilities of unsaturated municipal solid waste under compression[J]. Journal of Contaminant Hydrology, 118(1-2): 27-42.

TOWNSEND T, MILLER W, EARLE J, 1995. Leachate recycle infiltration ponds[J]. Journal of Environmental Engineering, ASCE, 121(6): 539-553.

THULLNER M, ZEYER J, KINZELBACH W, 2002. Influence of Microbial Growth on Hydraulic Properties of Pore Networks[J]. Transport in Porous Media, 49: 99-122.

USCOLD, 1994. Tailings Dam Incidents, U.S[C]. Committee on Large Dams (USCOLD), Denver, Colorado.

WU J, WU Y Q, LU J, 2008. Laboratory study of the clogging process and factors affecting clogging in a tailings dam[J]. Environmental Geology, 54(5): 1067-1074.

XU Q, POWELL J, TOLAYMAT T, et al., 2013. Seepage Control Strategies at Bioreactor Landfills[J]. ASCE Journal of Hazardous, Toxic, and Radioactive Waste, ASCE, 17(4): 342-350.

XU Z G, WU Y Q, WU J, et al., 2011. A model of seepage field in the tailings dam considering the chemical clogging process[J]. Advances in Engineering Software, 42(7): 426-434.

ZEKKOS D, ATHANASOPOULOS G A, BRAY J D, et al., 2010. Large-scale direct shear testing of municipal solid waste[J]. Waste Management, 30(8-9): 1544-1555.

ZEKKOS D, BRAY J D, KAVAZANJIAN JR E, et al., 2006. Unit weight of municipal solid waste[J]. Journal of Geotechnical and Geoenvironmental Engineering, ASCE, 132(10): 1250-1261.

ZHANG W, ZHANG G, CHEN Y, 2013. Analyses on a high leachate mound in a landfill of municipal solid waste in China[J]. Environmental Earth Sciences, 70(4): 1747-1752.

ZHENG H, 2012. A three dimensional rigorous method for stability analysis of landslides[J]. Engineering Geology, 145(30): 30-40.

ZHONG X Q, WU Y Q, XU Z G, 2013. Bioclogging in porous media under discontinuous flow condition[J]. Water, Air & Soil Pollution, 224: 1543-1555.

ZHU D Y, LEE C F, QIAN Q H, et al., 2001. A new procedure for computing the factor of safety using the Morgenstern-Price method[J]. Canadian Geotechnical Journal, 38(4): 882-888.

ZORNBERG J G, JERNIGAN B L, SANGLERAT T R, et al., 1999. Retention of free liquids in landfills undergoing vertical expansion[J]. Journal of Geotechnical and Geoenvironmental Engineering, ASCE, 125(7): 583-594.

第2章 特殊岩土工程渗透特性现场调研

2.1 尾矿堆积坝类特殊岩土工程现状调研

2.1.1 栗西尾矿坝概况

金堆城钼业股份有限公司所属的栗西尾矿坝位于陕西省华县金堆城镇大栗西村上游的栗西沟内，是我国最大的钼生产基地，钼矿规模庞大。栗西尾矿库是卅亩地选矿厂与百花岭选矿厂的尾矿堆存地，距百花岭选矿厂约 7.5km，为山谷型尾矿库。其地理位置见图 2.1。

图 2.1 栗西尾矿库地理位置图

栗西尾矿库 1973 年由北京有色冶金设计总院设计，1977 年 5 月原冶金部第十冶金建设公司开始施工，1979 年初期坝建成，1983 年正式投入使用。该尾矿库设计最终堆积标高 1360m，总坝高 194.5m（其中初期坝高 40.5m，后期坝高 154m），设计库容为 $2.55 \times 10^{12} \mathrm{m}^3$，日处理矿量按 2.05 万 t 计，服务年限设计为 32 年，属于二级尾矿库。

栗西尾矿库区汇水面积 $10.2 \mathrm{km}^2$，流域沟长 5km，多年平均降水量 918mm。初期坝为透水堆石坝，坝高 40.0m，底宽 157.5m，顶宽 4.0m，坝顶高程 1176.5m，上游坡比 1 : 1.17，下游坡比 2.0。在下游坡面 1156.5m 高程处设有宽度为 2.0m 的马道，坝上游铺设 0.7～1.0m 厚的砂砾石反滤层，坝体渗水经下游泵站返回库中。

　　堆积坝采用上游式筑坝，每级子坝台阶宽度为 10.0m 左右，每次堆坝的高度为 3.0m 左右，坝外坡总坡比为 1：5，护坡设施采用山坡土石或碎石，并在各子坝设网络状排水沟和截洪沟。2013 年已堆筑 32 级子坝，坝顶标高 1308.5m。坝顶铺设放矿主管并连接各放矿支管进行分散放矿。坝面目前建有 9 口辐射排水井和 27 个水位观测孔。库内设有 2 座内径为 3.0m、高 40m 的永久性框架式排洪井塔和 4 座内径为 2.0m、高 21m 的窗口式回水井塔，具备抗御千年一遇洪峰流量达 189m^3/s 的能力和日回水 5 万 t 的自流回水能力。坝内干滩长度长期保持在 1000m 以上，坝体整体形态特征较好。栗西尾矿库现状卫星全景见图 2.2。

图 2.2　栗西尾矿库现状卫星全景图

　　尾矿坝坝体堆积物以尾中砂为主，夹有少量薄层尾细砂、尾粉砂、薄层粉土或粗砂。坝前部规律性较差，整体呈现坝前粗，向库区逐渐变细的规律，垂直方向上具有上粗下细的规律。尾矿坝尾砂沉积规律为：自上而下一般为尾中砂、尾细砂、尾粉砂、少量尾亚砂、尾轻亚粘及薄层尾重亚粘、尾砂泥。尾矿坝体地下水为潜水型，由于尾矿砂在垂直与水平方向上分布存在较大的差异，故局部地段赋存有上层滞水，枯水期消失。

　　1984 年运行初期，由于初期坝交通洞的反滤层及坝肩部位没处理好，发生尾矿泄漏，及时进行了防渗处理，并用两岸坡积碎石土进行了回填。随着尾矿坝体不断升高，在运行中期尾矿坝出现一些渗透变形破坏问题。1998 年栗西尾矿坝 2～12 道子坝坝脚出现渗水，其中 3～8 道子坝左岸渗漏及沼泽化现象严重，坝下交通洞出现漏砂。2000 年 17～19 道子坝分别在坝坡脚东端 30m 范围有渗水，5～9 道子坝坝坡脚西端约 50m 范围有渗水，排水沟沟壁有小股射流，局部管涌、泛碱呈沼泽化。坝面排水沟均不同程度出现沉陷情况，在 3～5 道子坝出现大面积陷坑，局部陷坑直径两米多，深度近 2m。在尾矿运行中后期相继出现了坝体排渗体降效问题，例如，2003 年交通洞整个排渗管道已被黄色絮状沉积物覆盖，反滤层受到破坏。洞左边排渗管道已被淤堵，管内渗水量很小；交通洞中部靠右絮状物厚度约 80mm，下部小管径管道不出水，渗水漫过滤体顶部溢出。

2.1.2　栗西尾矿堆积坝现状调研

　　由于尾矿废水常含有大量的污染因子，因此在排水设施将尾矿废水排出坝体的过程中，溶质会伴随着水流一起向下游迁移，发生一系列物理、化学、生物反应，产生淤堵，进而影响尾矿堆积坝体介质的渗透特性，使坝体介质排渗能力降低。例如，在采用辐射排水井降低尾矿堆积坝内地下水位的过程中，经常会伴随有重金属离子的迁移。由于辐射排水井井壁附近的地下水中溶解氧相对充足，所以重金属离子在流经该区域的过程中容易发生氧化还原反应，进而生成一些沉淀物淤堵在辐射排水井井壁附近，使尾矿砂透水性能降低，影响辐射排水井的正常排水，尾矿堆积坝体内地下水位上升，增加渗流破坏发生的可能性，从而对周围居民及地下水造成严重的威胁。因此，研究尾矿堆积坝体内物理、化学淤堵对尾矿砂渗透特性的影响，对揭示尾矿坝体介质渗透性的分布规律，分析尾矿坝体内地下水位的分布以及评价坝体周围地质环境，具有非常重要的科学意义和工程实用价值。除此之外，因尾矿坝渗流造成的地下水有机物及重金属离子污染问题研究也尤为重要（许增光，2012）。

　　栗西尾矿库自 1983 年正式投入使用以来，堆积坝在运行过程中已经发生了由淤堵现象导致的排渗不畅现象，进而影响尾矿坝的渗流稳定。因此，对栗西尾矿堆积坝的淤堵现象进行现场实地勘察，揭示其发生机理则显得尤为重要。

　　2013 年 12 月上旬对栗西尾矿库进行了现场实地勘察。图 2.3 为栗西尾矿库初期坝现状图。

图 2.3　栗西尾矿库初期坝现状图

图 2.4 为栗西尾矿堆积坝坝顶地貌图，图 2.5 为栗西尾矿库干滩地貌图，图 2.6 为栗西尾矿库排水沟现状图，图 2.7 栗西尾矿库下游坝面现状图。

图 2.4　栗西尾矿堆积坝坝顶地貌图

图 2.5　栗西尾矿库干滩地貌图

图 2.6　栗西尾矿库排水沟现状图

图 2.7　栗西尾矿库下游坝面现状图

　　在了解掌握栗西尾矿库运行现状的基础上，重点对其淤堵的发生状况进行了调查。图 2.8 为栗西尾矿库交通洞内淤堵现状图，图 2.9 为栗西尾矿库排水沟内淤堵现状图，图 2.10 为栗西尾矿库废弃排水管淤堵物质分布图。

图 2.8　栗西尾矿库交通洞内淤堵现状（武君, 2008）

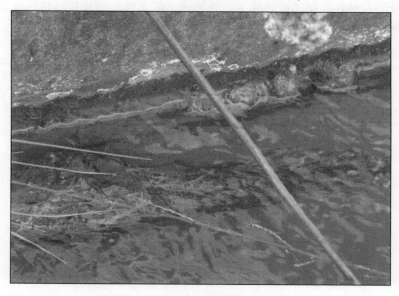

图 2.9　栗西尾矿库排水沟内淤堵现状

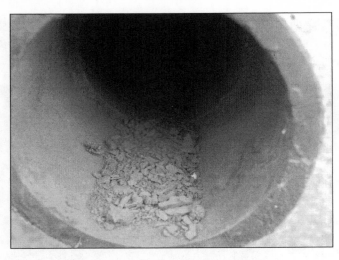

图 2.10　栗西尾矿库废弃排水管淤堵物质分布图

　　经初步现场调查发现，排水系统淤堵将会影响尾矿库的安全稳定运行。为分析栗西尾矿库不同区域的淤堵情况，首先需分析尾矿库不同位置水样中各离子的含量。分别在坝坡中间位置、初期坝左岸、初期坝右岸、下游河道上、中、下游6 个不同位置采集尾矿水样并依次编号①～⑥。采集过程中尽量装满容器并立即密封，避免水样接触空气。图 2.11 为栗西尾矿库下游河道水样取样图。在尾矿库的上游干滩采集尾矿砂样，用 PVC 袋密封保存，编号⑦。图 2.12 为栗西尾矿库堆积坝坝顶干滩处取样尾矿砂样图。采集完尾矿水样和砂样后尽快送回试验室进行样品分析。

图 2.11　栗西尾矿库下游河道水样取样

图 2.12　栗西尾矿库堆积坝坝顶干滩尾矿砂取样

2.2　垃圾填埋场类特殊岩土工程现状调研

2.2.1　江村沟垃圾填埋场概况

西安江村沟垃圾填埋场位于陕西省西安市灞桥区江村沟，是国家最高级 I 级填埋场。该填埋场距市中心 16.5km，是一个山谷型垃圾填埋场，总占地 1031 亩，设计总容量 $4.9×10^7m^3$，设计最大堆高为 130m，设计使用年限为 50 年。至 2013 年底填埋场的最大堆高已达到 80m，平均堆高 65m，总堆放长度约为 1500m，堆放区域沟底最小宽度为 30m，沟缘最大宽度为 500m，场区属于关中秦岭北坡黄土沟壑地貌，地形破碎、复杂，地基土为黄土，性质较稳定。沟谷内为堆积垃圾填埋土，以垃圾为主，加有黏性土、碎石块、塑料等。西安江村沟城市生活垃圾填埋场的地理位置及卫星全景见图 2.13 和图 2.14，其中 A 是上游垃圾坝，B 和 C

图 2.13　西安江村沟城市生活垃圾填埋场地理位置图

图 2.14　西安江村沟城市生活垃圾填埋场卫星全景图

是已填埋的垃圾堆体，E 为下游垃圾坝，2013 年调研时 D 区域正在进行填埋，1-1 剖面用于后面填埋场的渗流稳定计算部分。自填埋场 1994 年 6 月正式投入使用以来，随着城市人口、工业、经济迅猛发展，垃圾处理量不断增加，生活垃圾日处理量从最初的日处理规模 1260t 已猛增至现在的 6510t 左右，导致实际使用年限缩短，2013 年时填埋场库容几近饱和，已经处理的生活垃圾接近 $2.0 \times 10^6 \text{m}^3$。

2.2.2　江村沟垃圾填埋场现状调研

2013 年 12 月初对西安江村沟垃圾填埋场进行了现场调研并采集样品，用于分析该填埋场的垃圾组成、后续的垃圾重度及渗透特性试验。图 2.15 为垃圾倾倒碾压的情况，图 2.16 为填埋场垃圾层间的渗滤液导排沟图，图 2.17 和图 2.18 分别为填埋场左侧导排沟及排出的渗滤液。

图 2.15　垃圾倾倒碾压

图 2.16　填埋场垃圾层间渗滤液导排沟

图 2.17　填埋场左侧渗滤液导排沟

图 2.18   填埋场渗滤液

　　由于西安江村沟垃圾填埋场上游已经填埋完毕并进行了覆盖，且填埋场内渗滤液倒排系统和集气装置已经安装好，深层填埋的垃圾很难取得，因此现场仅对该填埋场的中下游几处位置进行了取样，并且所取位置的样品都来自于填埋场表层的垃圾。图 2.19 和图 2.20 分别为填埋场上游覆盖后的照片和中下游填埋的现状。上游覆盖防晒布的作用主要是为了防止雨水入渗、提高采气率、减少蝇蚊、减少臭味扩散以及防止扬尘。

图 2.19   西安江村沟垃圾填埋场上游现状

图 2.20　西安江村沟垃圾填埋场中、下游现状

2.3　尾矿堆积坝现场调研结果分析

①～⑥号水样采用 DR2800 分光光度计对 Fe^{2+}、总铁、Cr^{6+}含量进行分析。⑦号尾矿砂样在室温条件下风干后进行过筛筛分，分析其粒径组成。

对尾矿砂进行粒径筛分，其不同粒径含量分布见表 2.1。室内试验分析可知，该尾矿砂密度为 $1.63×10^3 kg/m^3$，孔隙率为 0.187。

表 2.1　栗西尾矿砂粒径含量分布表

尾矿砂粒径/ mm	>0.63	0.63～0.315	0.315～0.16	0.16～0.08	<0.08
含量/%	6.04	38.82	37.68	9.32	8.14

对栗西尾矿库不同位置的水样进行分析，其 Fe^{2+}、总铁、Cr^{6+}的浓度分布见表 2.2。其中 Fe^{2+}平均浓度为 0.278mg/L，最高浓度为 0.49mg/L，最低浓度为 0.13mg/L；总铁平均浓度为 2.308mg/L，最高浓度为 5.32mg/L，最低浓度为 1.02mg/L；Cr^{6+}平均浓度为 0.022mg/L，最高浓度为 0.047mg/L，最低浓度为 0.001mg/L。总铁含量中还含有部分亚铁离子接触氧气后发生氧化反应的产物。Fe^{2+}及总铁在栗西尾矿坝中的含量较高，因此选择 Fe^{2+}作为本书进行化学淤堵研究的对象。

表2.2　栗西尾矿库不同位置的水样浓度分布　　　　（单位：mg/L）

分析项目	尾矿库位置					
	尾矿坝中间	初期坝左岸	初期坝右岸	河道上游	河道中游	河道下游
Fe^{2+}	0.49	0.13	0.16	0.28	0.24	0.37
总铁	1.36	5.32	4.02	1.09	1.02	1.04
Cr^{6+}	0.001	0.047	0.044	0.011	0.012	0.015

对栗西尾矿坝主要进行了两个方面的现场调研，一是分析其粒径组成。粒径组成由粗到细属于非均质砂砾，其中粒径为0.315mm，尾矿砂占总质量的38.82%，粒径为0.16mm的尾矿砂占总质量的37.68%，其比例接近1∶1，二者之和占到尾矿砂总量的76.5%，其余粒径砂砾含量占总质量的23.5%。这种砂砾组成的不均匀性为物理淤堵的发生提供了条件。二是分析栗西尾矿库水样中某些离子的含量。其中从不同地点各离子浓度分析结果来看，Fe^{2+}的浓度为0.13～0.49mg/L，总铁的浓度为1.02～5.32mg/L，Cr^{6+}浓度为0.001～0.047mg/L。总铁和Fe^{2+}离子浓度较大，且部分总铁可能是由Fe^{2+}发生氧化还原反应后的产物，Fe^{2+}的存在为化学淤堵的发生提供了条件，故选择Fe^{2+}溶液研究栗西尾矿坝的化学淤堵规律。对栗西尾矿坝进行砂样和水样的实地调研和分析，是进一步研究栗西尾矿坝物理淤堵和化学淤堵的前提条件。

2.4　垃圾填埋场现场调研结果分析

通过对西安江村沟垃圾填埋场现场调研和文献查阅，分析其垃圾组成成分及含量情况。西安市生活垃圾主要包括三个方面：一是居民生活垃圾；二是道路清扫垃圾；三是沿街门店、集贸市场以及旅游等产生的垃圾。目前，西安江村沟垃圾填埋场的垃圾来源以居民生活垃圾为主，占总量的58%，道路清扫垃圾占12%，事业垃圾占30%，其中市场垃圾占7.5%，商业垃圾占3.4%，宾馆餐饮垃圾占18.6%，医院垃圾占0.5%。

填埋场的垃圾组成成分为有机物、无机物和其他。西安江村沟垃圾填埋场自1994年开始投入使用，根据西安市环境卫生研究所统计的数据（张为等，2013），图2.21和图2.22是该填埋场自1995年至2012年垃圾各组分含量的变化情况。图2.21是该填埋场有机物各组分含量随时间增长的变化情况，其中厨房垃圾占有机物的主要成分，有机物含量整体呈增长趋势，在2004年有突然降低的情况。无机物各组分含量随时间的变化情况如图2.22所示，其中灰土占无机物的主要成分，无机物含量整体呈现逐渐降低的趋势。由于管理不严格，市民环境保护意识淡薄，使得生活垃圾中混有部分建筑垃圾和工业有害垃圾，因此应该加强城市垃圾的分类和管理。随着城市化水平的提高，我国城市生活垃圾中有机物含量逐渐增多，无机物含量逐渐减小。

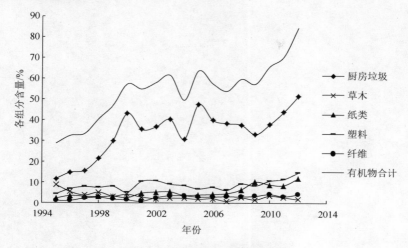

图 2.21　有机物组分变化情况

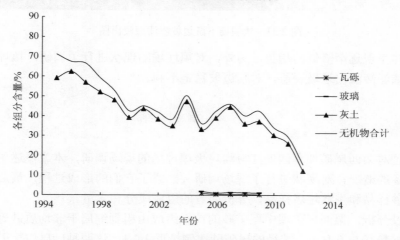

图 2.22　无机物组分变化情况

　　另外，从填埋场下游边坡处，可以看到有大量的渗滤液浸出边坡表层，如图 2.23 所示。由于填埋场中垃圾含水量较高，并且垃圾发生降解产生部分水，从而导致填埋场中渗滤液水位较高，浸出边坡表层。

　　本节通过对西安江村沟垃圾填埋场现场调研，分析了填埋场中的生活垃圾组成成分，主要包括厨房垃圾、草木、纸类、塑料、灰土等。其中厨房垃圾占有机物的主要成分，有机物含量整体呈增长趋势；灰土占无机物的主要成分，无机物

图 2.23　填埋场下游边坡渗滤液浸出图

含量整体呈现逐渐降低的趋势。另外，对填埋场的现状进行了调研，填埋场下游边坡处渗滤液溢出垃圾表层，对其边坡稳定不利。

2.5　本 章 小 结

通过对栗西尾矿坝和西安江村沟垃圾填埋场的现场调研，本章概述了尾矿坝和填埋场的概况，对现状进行了现场调研并熟悉了它们的形成过程，最后分别采集尾矿砂样品和生活垃圾样品，分析两者的组成成分和含量。

通过分析，栗西尾矿坝中尾矿砂的粒径组成由粗到细属于非均质砂砾，其中 0.315mm 粒径与 0.16mm 粒径的尾矿砂比例接近 1:1，这两种砂砾占尾矿砂总量的 76.5%，这种砂砾组成的不均匀性为物理淤堵的发生提供了条件。栗西尾矿库水样中总铁和 Fe^{2+} 离子浓度较大，总铁的浓度为 1.02~5.32mg/L，Fe^{2+} 的浓度为 0.13~0.49mg/L，部分总铁可能是由 Fe^{2+} 发生氧化还原反应后的产物，Fe^{2+} 的存在为化学淤堵的发生提供了条件，故第 3 章选择 Fe^{2+} 溶液研究栗西尾矿坝的化学淤堵规律。西安江村沟垃圾填埋场中生活垃圾主要由厨房垃圾、草木、纸类、塑料、灰土等组成。厨房垃圾和灰土分别占有机物和无机物的主要成分，有机物含量整体呈增长趋势，相反，无机物含量整体呈现逐渐降低的趋势。由于管理不严格，市民环境保护意识淡薄，使得生活垃圾中混有部分建筑垃圾和工业有害垃圾，因此，应该加强城市垃圾的分类和管理。另外，对填埋场的现状进行了调研，填埋场下游边坡处渗滤液溢出垃圾表层，对其边坡稳定不利，应采取措施降低该处渗滤液水位，保证填埋场的边坡安全。

参 考 文 献

武君, 2008. 尾矿坝化学淤堵机理与过程模拟研究[D]. 上海: 上海交通大学博士学位论文.

许增光, 2012. 地下水有机物和重金属迁移与污染修复的数值模拟研究[D]. 上海: 上海交通大学博士学位论文.

张为, 陈晨, 袁一丹, 2013. 西安市生活垃圾组分特征及处理对策[J]. 城市建设理论研究, (5): 1-6.

第 3 章　　特殊岩土工程渗透特性试验研究

3.1　尾矿堆积坝淤堵试验研究

栗西尾矿库中的尾矿砂粒径大小不均匀，其水样中所含 Fe^{2+} 浓度较高，在坝体内部及排渗体中极有可能发生物理淤堵和化学淤堵，进而抬高浸润面，严重影响尾矿库的渗流稳定。因此，采用室内砂柱试验对尾矿坝的淤堵过程进行研究具有十分重要的意义。

首先用和尾矿库砂样级配相同的工业砂进行不同的物理淤堵试验，在不同的水力梯度下观察渗流速度、渗透系数等水力参数随时间的变化规律。其次，用事先配置好的不同浓度的亚铁溶液进行化学淤堵试验，研究淤堵过程中的渗流速度、渗透系数随时间的变化规律。通过对栗西尾矿库现状调研，并进行室内物理、化学淤堵试验研究，揭示了尾矿库在物理、化学淤堵过程中渗流速度、渗透系数明显减小，影响尾矿库的边坡稳定性，进而为避免尾矿库在后期运行中出现渗流稳定问题提供一定的依据（Xu et al., 2016; 许增光, 2014）。

3.1.1　物理淤堵砂柱试验

前期文献调研和预试验中发现，一定大小的砂土颗粒随渗透水流在孔隙中阻滞、沉淀，孔隙和过水面积减小，渗透路径和渗流阻力随之增加，致使砂土体渗透性能降低，即为物理淤堵或机械淤堵。尾矿砂粒径分布较广，采用有机玻璃砂柱进行渗透试验过程中，很有可能发生物理淤堵。为了研究不同粒径尾矿砂在填充有机玻璃砂柱中出现的物理淤堵现象，特进行一系列的物理淤堵试验。

由于现场所取尾矿砂量有限，试验过程中采用相应工业砂进行替代。根据尾矿砂的粒径级配，分别选取了 0.315mm 和 0.160mm 两种粒径的工业砂。首先将二者采用 1∶1 的配比均匀混合，然后填充试验砂柱，从而构建成本次物理淤堵试验所用的试验砂柱。对物理淤堵试验砂柱进行分析，基本参数见表 3.1，砂柱试验装置见图 3.1 和图 3.2。

表 3.1　物理淤堵砂柱试验基本参数

砂粒粒径/mm	配比	密度/（kg/m³）	孔隙率/%
0.315/0.16	1∶1	1509.6	24.56

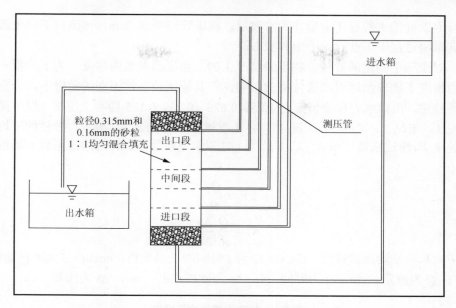

图 3.1　物理淤堵砂柱室内试验装置示意图

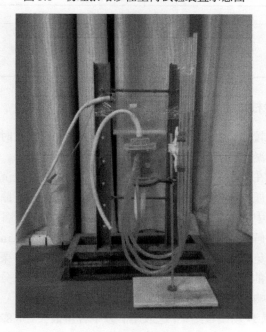

图 3.2　物理淤堵砂柱室内试验装置图

试验砂柱内径 D=5cm，长度 L=14cm，为避免出入口集中水流对淤堵产生影响，上下水流出入口均设有 l=2cm 的水段作为过渡层，紧接着水流入口水段之上

设有 l=2cm 的大粒径工业砂作为过渡层。测压管间距 Δ=2cm，水流自下向上流动保证试验过程中工业砂处于饱和状态。

对于一个固定的砂柱，物理淤堵产生的主要原因是水力梯度。为了分析不同水力梯度下物理淤堵对渗透性能的影响，在其他试验条件不变的前提下，分别计算砂柱进、出口水力梯度恒定在 1.25、0.625、0.25、0.125 四种工况下（以下简称工况 1，工况 2，工况 3，工况 4），各工况试验条件如表 3.2 所示。砂柱的平均渗流速度 V、渗透系数比值 K_t/K_0（K_t 为 t 时刻渗透系数值，K_0 为渗透系数初始值）。其中

$$V = \frac{Q}{At} \tag{3.1}$$

$$K_t = \frac{Q}{At} \frac{\Delta x}{\Delta h} \tag{3.2}$$

式中，V 为平均渗流速度，cm/s；K_t 为 t 时刻渗透系数值，cm/s；A 为砂柱面积，cm^2；Q 为流量，cm^3；t 为时间，s；Δx 为砂柱高度，cm；Δh 为压差，cm。

表 3.2 物理淤堵试验工况表

试验项目	工况 1	工况 2	工况 3	工况 4
水力梯度	1.25	0.625	0.25	0.125
粒径组成/mm	0.315、0.16	0.315、0.16	0.315、0.16	0.315、0.16
粒径配比	1∶1	1∶1	1∶1	1∶1

3.1.2 化学淤堵砂柱试验

对于采用不同粒径砂粒填充的砂柱，当水力梯度足够大时，在砂柱进水口附近可能会发生物理淤堵，从而渗透系数降低，渗流速度减小。而本书关注的化学淤堵为重金属离子在砂柱进水口附近发生氧化还原反应生成沉淀物，致使孔隙率减小，渗透系数降低。因此，物理淤堵与重金属离子氧化还原反应产生的化学淤堵在试验监测过程中同时发生，很难区分，也无法定量分析各自对最终渗透系数降低的贡献。为了解决这一问题，本章选择同一粒径（0.315mm）的砂粒填充试验柱，这样可以避免物理淤堵的发生。由第 2 章内容可知，栗西尾矿坝现场取回的水样分析中 Fe^{2+} 的浓度较高，本书以亚铁离子为研究对象分析亚铁离子溶液浓度对化学淤堵的影响，为此进行了一系列的化学淤堵试验。

根据栗西尾矿库现场调查结果，选取尾矿砂中含量最大（38.82%）的颗粒 0.315mm 均质工业砂进行填充。其试验装置如图 3.3 和图 3.4 所示，砂柱尺寸和物理淤堵试验相同。同样在水流进出口设置 2cm 的水段作为过渡，进出口处不设粗砂过渡层，因此 0.315mm 粒径均质砂柱长 10cm。整个试验过程保持水力梯度为 0.625，水流

自下向上流动。试验过程中保持进出口水头差为 5cm，砂柱的长度为 10cm，内径为 5cm。

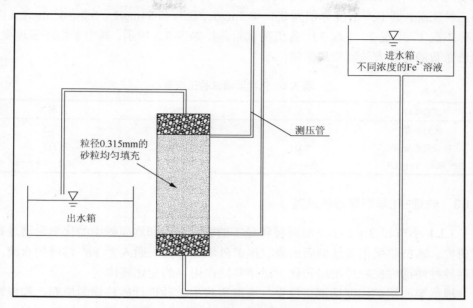

图 3.3　化学淤堵砂柱室内试验示意图

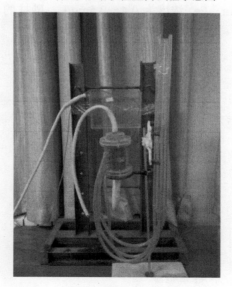

图 3.4　化学淤堵砂柱室内试验装置图

　　前期研究工作发现，栗西尾矿库中化学淤堵的主要原因为 Fe^{2+} 在溶解氧相对充足的地下环境中，容易发生氧化还原反应，生成三价铁的氧化物沉淀在砂粒周围，孔隙率减小、渗透系数降低。因此，依据栗西尾矿库现场调研的结果（Fe^{2+}浓度为 0.13～0.49mg/L），研究不同浓度的 Fe^{2+} 对均质砂柱渗透特性的影响。共分为三种工况，其 Fe^{2+} 浓度分别为 0.4～0.5mg/L、0.3～0.54mg/L、0.2～0.3mg/L（以下称工况 1、工况 2、工况 3），各工况试验条件如表 3.3 所示。其中平均渗流速度、渗透系数的计算方法同物理淤堵。

表 3.3　化学淤堵试验工况表

试验项目	工况 1	工况 2	工况 3
水力梯度	0.625	0.625	0.625
粒径组成/mm	0.315	0.315	0.315
Fe^{2+}浓度/（mg/L）	0.4～0.5	0.3～0.4	0.2～0.3

3.1.3　物理-化学淤堵砂柱试验

3.1.1 小节和 3.1.2 小节对两种粒径下的物理淤堵和均质砂中的化学淤堵进行了研究。本节将采用现场调研的原状尾矿砂填充砂柱，通入含 Fe^{2+} 溶液的水流，观察砂柱渗透性在物理淤堵和化学淤堵共同作用下的变化规律。

根据栗西尾矿库现场调查结果，选取原状尾矿砂进行砂柱均匀填充，构成物理-化学淤堵共同作用下的尾矿砂柱。其试验装置图如图 3.5 所示，试验过程中保持进出口水头差为 5cm，Fe^{2+} 浓度为 0.4～0.5mg/L，砂柱的长度为 10cm，内径为 5.0cm。

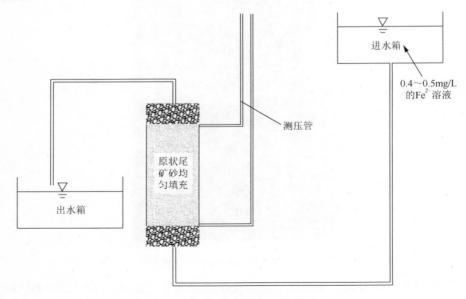

图 3.5　物理-化学淤堵试验装置图

3.2　垃圾堆体重度及渗透试验研究

3.2.1　样品采集及制备

通过现场调研，对西安江村沟垃圾填埋场中、下游进行样品采集。图 3.6 为垃圾填埋场表层垃圾图，可以看出垃圾中的塑料、纸屑及纤维制品等。通过第 2 章对填埋场垃圾现场调研及文献查阅，根据西安江村沟垃圾填埋场组成成分及各部分含量，实验室自制了垃圾样品。西安江村沟垃圾填埋场垃圾样品见图 3.7。

图 3.6　垃圾填埋场表层垃圾图

（a）现场采样

（b）实验室制备样品

图 3.7　垃圾样品图

3.2.2　垃圾堆体重度试验

1. 试验原理

垃圾重度是填埋场中生活垃圾的单位体积质量，它对填埋场沉降及边坡稳定有很大的影响作用，国内外许多学者对此进行了深入的探索和研究。一般情况下，随着垃圾主要成分不同，度重会有所变化，厨余垃圾等成分越多则垃圾重度越高，而塑料纸屑等成分越多则垃圾重度越低。垃圾重度与填埋场的压实程度也有密切的关系，压实程度越高则垃圾重度越高，压实程度越低则垃圾重度越低。由于垃圾重度受环境的影响较为显著，且本书所采集的试样均为江村沟垃圾填埋场的原状垃圾，所以需用"多次称重平均法"获取垃圾的容重或重度。计算公式见式（3.3）（徐永福等，2006）。

$$d = \frac{1000}{m} \sum_{n=1}^{m} \frac{M_n}{V} \tag{3.3}$$

式中，d 为垃圾的容重，kg/m^3；m 为测量的次数；n 为测量次序；M_n 为第 n 次测量样品的质量，kg；V 为样品的体积，m^3。

2. 试验过程

2013 年 12 月对西安江村沟垃圾填埋场进行了现场调研及样品采集，共采集了 6 组 18 个样品。在填埋场的中部偏上游和偏下游区域的南北两侧分别取了 1 组样品，在填埋场下游正在填埋的区域取了 2 组垃圾样品，并且每组样品分别在 10cm、30cm、50cm 填埋深度处取得，通过测量得到填埋场浅层垃圾的重度。为了得到深层填埋的垃圾样品工程参数，本书采用文献对比研究并结合自制垃圾样品进行室内垃圾特性试验分析，得到了填埋垃圾的重度与填埋深度的关系曲线。

3.2.3　垃圾堆体渗透试验

1. 试验原理

采用室内渗透试验测定垃圾的饱和渗透系数时，可以根据填埋场垃圾的组成成分自制垃圾样品，也可以在现场采集样品。因为填埋场中垃圾成分较复杂，并且其饱和渗透系数较高，故可以采用常水头法测定其饱和渗透系数。Hossain 等（2009）也采用实验室常水头法测定样品的饱和渗透系数，其中垃圾样品是根据垃圾成分自制的，本书参照上述试验方法，采用现场采集的样品和自制垃圾样品相结合的办法进行垃圾饱和渗透系数测定。

试验柱的内径为 80mm，计算长度为 140mm，后期对试验柱尺寸进行加大，减小边壁效应的影响。渗透系数的计算方程式为

$$k = QL / hAt \qquad\qquad (3.4)$$

式中，k 为垃圾样品的饱和渗透系数，m/s；Q 为经过 t 时间通过样品的水量，m^3/s；L 为样品的计算长度，m；h 为水头的高度，m；A 为样品的截面面积（实验柱的内径），m^2；t 为试验时间，s。

2. 试验过程

根据垃圾重度试验得到的西安江村沟垃圾填埋场重度与填埋深度的曲线，可知填埋深度为 10m 时垃圾的重度。因此，根据江村沟垃圾填埋场的垃圾组成和 10m 埋深时垃圾的重度自制 3 个垃圾样品，测定其饱和渗透系数。因为试验柱尺寸的限制，自制垃圾样品时，应注意剔除较大体积的垃圾。根据设定好的垃圾重度换算成压实密度，确定垃圾分层装填的量，装填试验柱底部时，先放置一片滤网，防止垃圾土堵塞通水管。然后分层装填垃圾并压实，每填一层垃圾，采用圆盘重锤压实的方法来模拟实际情况填埋场压实机的碾压作用，使其均匀压实直至重度达到预期的值，再在顶部盖上一片滤网。

为了使水能完全通过垃圾样品，避免从最优通道流出，使得实验数据比实际情况大，造成实验数据无效的情况在试验过程中，采用自下而上通水的方法测定出水流量，图 3.8 为测定垃圾饱和渗透系数装置及过程图。

　（a）常水头水箱　　　　　　（b）安装试验柱　　　　　　（c）垃圾样品

　（d）试验装置　　　　　　　（e）排出气体　　　　　　　（f）测透水量

图 3.8　测定垃圾饱和渗透系数装置及过程图

试验开始前对垃圾样品进行一段时间的通水，以减小垃圾内的孔隙，使垃圾逐渐饱和，图 3.8（e）为做渗透试验前的排气过程，等到很少有气泡排出时进行测定，这个过程根据垃圾压实程度决定，表层垃圾排气过程一般需要 5～10min，

10m 深处垃圾的排气时间较长，大概需要 30min。试验时，首先测量垃圾样品的长度、直径和水头差，根据直径计算样品的面积，然后记录垃圾柱的透水量和所用的透水时间，结合公式（3.4）计算垃圾的饱和渗透系数。试验分别测定了填埋深度为 50cm 以内的表层垃圾和填埋深度为 10m 的深层垃圾，其中表层垃圾样品为现场所取的垃圾。因为 10cm、30cm、50cm 填埋深度时垃圾的饱和渗透系数变化不大，所以在同一个取样位置抽取一个垃圾样品，一共取 6 个样品，装入试验柱后进行测定。从图 3.8（a）中可以看出，3 个试验柱共用一个常水头水箱，将垃圾填埋场中部偏上游、偏下游和下游三处各取的样品分别定为第 3 组、第 2 组和第 1 组试验，每组试验包括两个样品，一共测量了 3 组样品的饱和渗透系数。采用 2.2 节自制的 3 个垃圾样品测定填埋 10m 深处的垃圾饱和渗透系数，3 个试验柱同时进行试验。需要注意，当同时进行多个样品测量时，需要分开记录各试验的透水量和所用的时间。

3.3　尾矿堆积坝淤堵试验结果及分析

3.3.1　物理淤堵砂柱试验

1. 试验数据记录

试验过程中每两个测压管之间分为一段，如图 3.1 和图 3.2 所示，即分为进口段、中间段和出口段，相应渗透系数为 K_{t1}、K_{t2} 和 K_{t3}。表 3.4～表 3.7 分别记录了物理淤堵 4 种工况下的试验数据及其计算结果，其中 T 为试验的总时间，Q 为渗出的水量，t 为分段试验的时间。

表 3.4　进出口水力梯度为 1.25 工况下数据记录及计算结果

T/h	进口段压差 Δh_1/cm	中间段压差 Δh_2/cm	出口段压差 Δh/cm	Q/mL	t/s	进口段 K_{t1} / (m/s)	中间段 K_{t2} / (m/s)	出口段 K_{t3}/ (m/s)	平均流速 v/ (cm/s)
0.0	2.2	2.0	2.5	14.0	30	0.000 22	0.000 24	0.000 19	0.023 77
1.0	2.7	1.7	2.3	12.3	30	0.000 15	0.000 25	0.000 18	0.020 88
2.0	3.1	1.7	2.2	11.0	30	0.000 12	0.000 22	0.000 17	0.018 67
3.0	3.1	1.6	2.1	10.0	30	0.000 11	0.000 21	0.000 16	0.016 98
4.0	3.6	1.5	1.8	9.0	30	0.000 08	0.000 20	0.000 17	0.015 28
5.0	3.7	1.4	1.8	8.5	30	0.000 08	0.000 21	0.000 16	0.014 43
6.0	3.5	1.3	1.7	7.5	30	0.000 07	0.000 20	0.000 15	0.012 73
7.0	3.8	1.2	1.5	7.0	30	0.000 06	0.000 20	0.000 16	0.011 88
8.0	4.4	1.1	1.5	6.5	30	0.000 05	0.000 20	0.000 15	0.011 03
9.0	5.2	1.1	1.5	12	60	0.000 04	0.000 19	0.000 14	0.010 19

续表

T/h	进口段压差 Δh_1/cm	中间段压差 Δh_2/cm	出口段压差Δh/cm	Q/mL	t/s	进口段 K_{t1}/（m/s）	中间段 K_{t2}/（m/s）	出口段 K_{t3}/（m/s）	平均流速 v/（cm/s）
10.0	6.5	1.1	1.3	6	30	0.000 03	0.000 19	0.000 16	0.010 19
11.5	6.5	1	1.1	4.5	30	0.000 02	0.000 15	0.000 14	0.007 64
22.0	4	1.5	1.8	7.5	30	0.000 06	0.000 17	0.000 14	0.012 73
24.0	4.8	1.3	1.4	5	30	0.000 04	0.000 13	0.000 12	0.008 49
25.0	4	1.5	1.6	7	30	0.000 06	0.000 16	0.000 15	0.011 88
26.0	4.3	1.3	1.4	6	30	0.000 05	0.000 16	0.000 15	0.010 19
27.0	4.9	1	1.2	5	30	0.000 03	0.000 17	0.000 14	0.008 49
28.0	5.3	1	1	4.5	30	0.000 03	0.000 15	0.000 15	0.007 64
30.0	4.6	1.3	1.5	6.5	30	0.000 05	0.000 17	0.000 15	0.011 03
32.0	4.5	1.3	1.6	6.25	30	0.000 05	0.000 16	0.000 13	0.010 61
34.0	4.4	1.3	1.4	6	30	0.000 05	0.000 16	0.000 13	0.010 19
45.7	5.2	1.2	1.4	5.3	30	0.000 03	0.000 15	0.000 13	0.009 00
47.7	5.4	1	1.1	5.3	30	0.000 03	0.000 18	0.000 16	0.009 00
49.7	4.8	1.1	1.3	6.2	30	0.000 04	0.000 19	0.000 16	0.010 53
51.7	5.6	0.7	0.8	4.4	30	0.000 03	0.000 21	0.000 19	0.007 47
53.7	6	0.5	0.75	3	30	0.000 02	0.000 20	0.000 14	0.005 09
55.7	6	0.5	0.7	5	60	0.000 01	0.000 17	0.000 12	0.004 24
58.2	5.3	0.35	0.5	3.75	60	0.000 01	0.000 18	0.000 13	0.003 18
69.2	5.65	0.95	1.1	9	60	0.000 03	0.000 16	0.000 14	0.007 64
71.7	5.1	1.1	1.4	11	60	0.000 04	0.000 17	0.000 13	0.009 34
74.7	5.6	1	1.1	9.2	60	0.000 03	0.000 16	0.000 14	0.007 81
77.7	5.3	1	1.2	9.5	60	0.000 03	0.000 16	0.000 13	0.008 06
79.7	5.6	0.9	1.3	10	60	0.000 03	0.000 19	0.000 13	0.008 49
82.2	5.9	0.9	1	8	60	0.000 02	0.000 15	0.000 14	0.006 79
93.7	5.5	0.9	1.1	8.5	60	0.000 03	0.000 16	0.000 13	0.007 22

表 3.5　进出口水力梯度为 0.625 工况下数据记录及计算结果

T/h	进口段压差Δh_1/cm	中间段压差 Δh_2/cm	出口段压差 Δh/cm	Q/mL	t/s	进口段 K_{t1}/（m/s）	中间段 K_{t2}/（m/s）	出口段 K_{t3}/（m/s）	平均流速 v/（cm/s）
0.0	1.1	1.4	1.4	16.4	60	0.000 25	0.000 20	0.000 20	0.013 92
1.0	1.2	1.3	1.3	16.4	60	0.000 23	0.000 21	0.000 21	0.013 92
2.0	1.2	1.3	1.2	15	60	0.000 21	0.000 20	0.000 21	0.012 73
3.0	1.2	1.2	1.1	14	60	0.000 20	0.000 20	0.000 22	0.011 88
4.0	1.2	1.3	1.2	15	60	0.000 21	0.000 20	0.000 21	0.012 73
5.0	1.5	1.2	1.1	14	60	0.000 16	0.000 20	0.000 22	0.011 88

T/h	进口段压差Δh_1/cm	中间段压差 Δh_2/cm	出口段压差 Δh/cm	Q/mL	t/s	进口段 K_{t1}/(m/s)	中间段 K_{t2}/(m/s)	出口段 K_{t3}/(m/s)	平均流速 v/(cm/s)
6.0	1.8	1.1	1	12	60	0.000 11	0.000 19	0.000 20	0.010 19
7.0	1.8	1	1	11.3	60	0.000 11	0.000 19	0.000 19	0.009 59
8.0	2	0.9	0.9	10	60	0.000 08	0.000 19	0.000 19	0.008 49
9.0	2.1	0.9	0.8	10	60	0.000 08	0.000 19	0.000 21	0.008 49
10.0	1.9	0.7	0.7	8	60	0.000 07	0.000 19	0.000 19	0.006 79
11.0	2.2	0.8	0.7	8.5	60	0.000 07	0.000 18	0.000 21	0.007 22
12.0	2.2	0.8	0.7	8	60	0.000 06	0.000 17	0.000 19	0.006 79
13.5	2.2	0.7	0.7	7.2	60	0.000 06	0.000 17	0.000 17	0.006 11
24.0	1.7	0.7	0.7	8.5	60	0.000 08	0.000 21	0.000 21	0.007 22
26.0	2	0.7	0.8	8.5	60	0.000 07	0.000 21	0.000 18	0.007 22
27.0	2	0.7	0.7	7.5	60	0.000 06	0.000 18	0.000 18	0.006 37
28.0	2.1	0.8	0.8	7.5	60	0.000 06	0.000 16	0.000 16	0.006 37
29.0	2.1	0.6	0.6	7.2	60	0.000 06	0.000 20	0.000 20	0.006 11
30.0	2.1	0.6	0.6	6.5	60	0.000 05	0.000 18	0.000 18	0.005 52
32.0	2	0.6	0.6	6.5	60	0.000 06	0.000 18	0.000 18	0.005 52
34.0	2.4	0.6	0.7	7.5	60	0.000 05	0.000 21	0.000 18	0.006 37
36.0	2.4	0.6	0.7	7.7	60	0.000 05	0.000 22	0.000 19	0.006 54
47.7	1.7	0.8	0.8	8.5	60	0.000 08	0.000 18	0.000 18	0.007 22
49.7	1.7	0.7	0.8	6.5	60	0.000 06	0.000 16	0.000 14	0.005 52
51.7	2.1	0.5	0.6	6	60	0.000 05	0.000 20	0.000 17	0.005 09
53.7	2.4	0.35	0.6	5.2	60	0.000 04	0.000 25	0.000 15	0.004 41
55.7	2.3	0.4	0.6	5	60	0.000 04	0.000 21	0.000 14	0.004 24
57.7	2.25	0.4	0.5	4	60	0.000 03	0.000 17	0.000 14	0.003 40
60.2	1.85	0.3	0.4	3.6	60	0.000 03	0.000 20	0.000 15	0.003 06
68.7	1.4	0.7	0.8	7.75	60	0.000 09	0.000 19	0.000 16	0.006 58
71.2	1.8	0.55	0.7	7	60	0.000 07	0.000 22	0.000 17	0.005 94
74.2	1.9	0.5	0.7	5.6	60	0.000 05	0.000 19	0.000 14	0.004 75
77.2	1.8	0.45	0.45	5.5	60	0.000 05	0.000 21	0.000 21	0.004 67
79.2	1.9	0.45	0.5	5	60	0.000 04	0.000 19	0.000 17	0.004 24
81.7	1.9	0.4	0.45	5	60	0.000 04	0.000 21	0.000 19	0.004 24
93.2	1.2	0.45	0.5	5.5	60	0.000 08	0.000 21	0.000 19	0.004 67

表 3.6　进出口水力梯度为 0.25 工况下数据记录及计算结果

T/h	进口段压差 Δh_1/cm	中间段压差 Δh_2/cm	出口段压差 Δh/cm	Q/mL	t/s	进口段 K_{t1}/(m/s)	中间段 K_{t2}/(m/s)	出口段 K_{t3}/(m/s)	平均流速 v/(cm/s)
0.0	0.55	0.5	0.55	4.5	30	0.000 28	0.000 31	0.000 28	0.007 64
1.5	0.5	0.4	0.5	4	30	0.000 27	0.000 34	0.000 27	0.006 79

续表

T/h	进口段压差 Δh_1/cm	中间段压差 Δh_2/cm	出口段压差 Δh/cm	Q/mL	t/s	进口段 K_{t1} /(m/s)	中间段 K_{t2} / (m/s)	出口段 K_{t3} /(m/s)	平均流速 v/(cm/s)
3.5	0.7	0.4	0.5	3.5	30	0.000 17	0.000 30	0.000 24	0.005 94
5.5	0.7	0.4	0.45	3.5	30	0.000 17	0.000 30	0.000 26	0.005 94
7.5	0.7	0.35	0.45	3	30	0.000 15	0.000 29	0.000 23	0.005 09
9.5	0.7	0.4	0.45	5.9	60	0.000 14	0.000 25	0.000 22	0.005 01
12.0	0.7	0.35	0.35	5.4	60	0.000 13	0.000 26	0.000 26	0.004 58
23.0	0.6	0.3	0.3	5	60	0.000 12	0.000 28	0.000 28	0.004 24
25.5	0.6	0.3	0.4	4.5	60	0.000 13	0.000 25	0.000 19	0.003 82
28.5	0.55	0.3	0.4	4	60	0.000 12	0.000 23	0.000 17	0.003 40
31.5	0.5	0.2	0.3	3.9	60	0.000 13	0.000 33	0.000 22	0.003 31
33.5	0.6	0.3	0.4	5	70	0.000 12	0.000 24	0.000 18	0.003 64
36.0	0.6	0.25	0.35	4	60	0.000 11	0.000 27	0.000 19	0.003 40
47.5	0.55	0.25	0.3	4	60	0.000 12	0.000 27	0.000 23	0.003 40
0.0	0.5	0.2	0.25	3.5	60	0.000 12	0.000 30	0.000 24	0.002 97
1.5	0.4	0.2	0.2	2.75	60	0.000 12	0.000 23	0.000 23	0.002 33
3.5	0.55	0.23	0.25	4	60	0.000 12	0.000 30	0.000 27	0.003 40

表 3.7　进出口水力梯度为 0.125 工况下数据记录及计算结果

T /h	进口段压差 Δh_1/cm	中间段压差 Δh_2/cm	出口段压差 Δh/cm	Q/mL	t /s	进口段 K_{t1} /(m/s)	中间段 K_{t2} /(m/s)	出口段 K_{t3} /(m/s)	平均流速 v/ (cm/s)
0.0	0.3	0.4	0.4	3.25	60	0.000 18	0.000 14	0.000 14	0.002 76
1.8	0.3	0.4	0.4	3.5	60	0.000 20	0.000 15	0.000 15	0.002 97
4.2	0.3	0.4	0.4	3.5	60	0.000 20	0.000 15	0.000 15	0.002 97
7.3	0.3	0.4	0.4	3.5	60	0.000 20	0.000 15	0.000 15	0.002 97
12.0	0.25	0.35	0.4	3	60	0.000 20	0.000 15	0.000 13	0.002 55
23.0	0.2	0.3	0.3	2.5	60	0.000 12	0.000 14	0.000 14	0.002 12
25.5	0.2	0.28	0.28	5.5	120	0.000 23	0.000 17	0.000 17	0.002 33
28.5	0.2	0.3	0.28	5	120	0.000 21	0.000 14	0.000 14	0.002 12
33.5	0.22	0.35	0.28	5	120	0.000 19	0.000 12	0.000 17	0.002 12
46.0	0.18	0.25	0.22	4	120	0.000 19	0.000 14	0.000 15	0.001 70

2. 试验结果分析

1）工况 1 下物理淤堵试验结果分析

工况 1 下试验砂柱内水流平均流速随时间的变化关系如图 3.9 所示。砂柱初始时刻水流速度为 0.024cm/s，在开始一段时间内，水流速度以近似直线的速度下降；11.5h 后下降为 0.008cm/s，降幅为 67%；在随后的 80h 内，由于物理淤堵逐步达到平稳；90h 后水流速度为 0.007cm/s，降幅为 71%，最终平均流速趋于稳定。

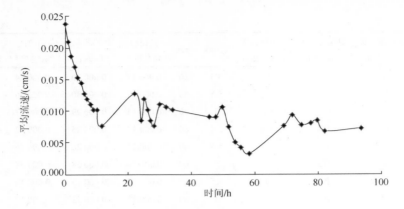

图 3.9　工况 1 下柱内平均流速随时间变化关系图

一般情况下，试验砂柱内的物理淤堵优先发生在进口段，然后依次为中间段、出口段。因此，砂柱进出口水力梯度恒定在 1.25 工况下各段渗透系数比值 K_t/K_0 随时间的变化规律见图 3.10。图中显示，进口段的渗透系数比值 K_t/K_0 变化最大，由初始时刻快速降到 11.5h 后的 0.11，降幅达到 91%，然后逐渐趋于平稳；中间段和出口段各时刻渗透系数比值与初始渗透系数的比值 K_t/K_0 变化均不大，由初始时刻逐渐降低，最终稳定于 0.7 左右，降幅为 30%。

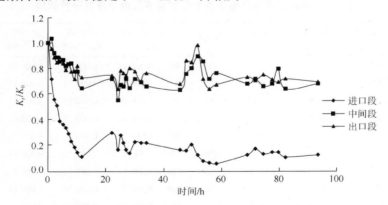

图 3.10　工况 1 下柱内各段渗透系数比值随时间变化关系图

2）工况 2 下物理淤堵试验结果分析

工况 2 下砂柱平均流速随时间的变化关系见图 3.11。在前 13h 内，渗流速度由初始时刻的 0.014cm/s 快速下降为 0.006cm/s，降幅达 57%；而在随后的 80h 内，渗流速度下降逐渐减缓，最终稳定于 0.004cm/s 左右。其变化规律与工况 1 基本类似。

进口段、中间段、出口段渗透系数比值随时间的变化关系如图 3.12 所示。进口段渗透系数比值 K_t/K_0 变化最大，13h 后降为 0.22，之后波动起伏；中间段和出口段渗透系数比值 K_t/K_0 变化不明显，缓慢波动。

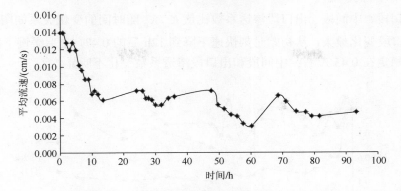

图 3.11　工况 2 下柱内平均流速随时间变化关系图

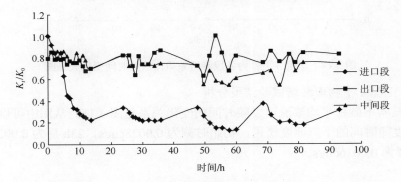

图 3.12　工况 2 下柱内各段渗透系数比值随时间变化关系图

3）工况 3 下物理淤堵试验结果分析

工况 3 下渗流速度随时间的变化关系见图 3.13 所示。从图中可以看出，渗流速度随时间的下降速度比较平缓，初始时刻为 0.008cm/s，10h 后为 0.005cm/s，30h 后为 0.003cm/s，之后逐渐稳定，45h 后稳定于 0.003cm/s 左右。

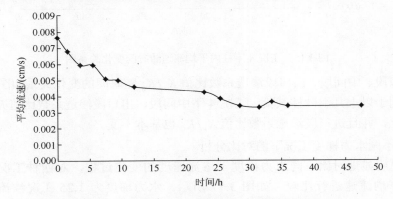

图 3.13　工况 3 下柱内平均流速随时间变化关系图

进口段、中间段、出口段渗透系数比值 K_t/K_0 随时间的变化关系如图 3.14 所示。进口段变化最大，从初始时刻快速下降到 12h 后的 0.47，之后缓慢下降，70h 后基本稳定在 0.43 左右；中间段和出口段渗透系数变化不明显。

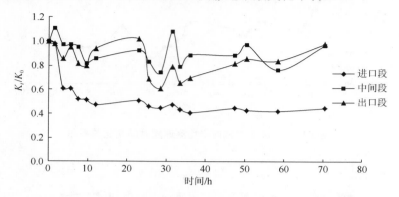

图 3.14　工况 3 下柱内各段渗透系数比值随时间变化关系图

4）工况 4 下物理淤堵试验结果分析

工况 4 下砂柱平均渗流速度随时间的变化关系见图 3.15。从图中可以看出，渗流速度随时间的下降速度缓慢，初始时刻为 0.0028cm/s，23h 后为 0.0021cm/s，46h 后降为 0.0016cm/s。

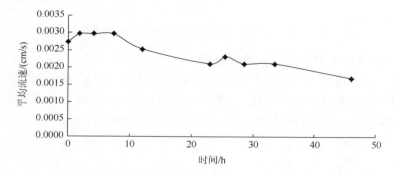

图 3.15　工况 4 下柱内平均流速随时间变化关系图

进口段、中间段、出口段渗透系数比值 K_t/K_0 随时间的变化关系如图 3.16 所示。不同于以上几组砂柱试验，工况 4 下中间段、出口段渗透系数比值 K_t/K_0 基本无变化，并且进口段渗透系数比值 K_t/K_0 也基本不变。

5）不同水力梯度工况下的对比分析

为更明显地对比不同水力梯度下渗流速度的变化过程，对四种工况下砂柱进口段平均流速进行比较，如图 3.17 所示。水力梯度为 1.25 工况渗流速度降幅最大，其次为水力梯度为 0.625 工况，再次之为水力梯度为 0.25 工况，基本无变化的为水力梯度为 0.125 工况。因此，水力梯度越大（水头差），渗流速度的变化越大。

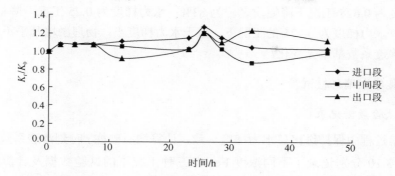

图 3.16　工况 4 下柱内各段渗透系数比值随时间变化关系图

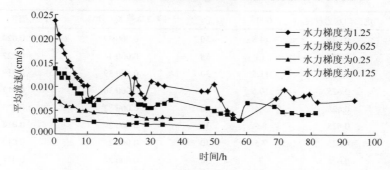

图 3.17　不同水力梯度下砂柱进口段平均流速对比图

从以上分析可以看出，物理淤堵主要发生在砂柱的进口段，中间段和出口段的渗透系数变化并不明显。因此，为了对比不同水力梯度下砂柱进口段附近渗透系数的变化规律，四种工况下砂柱进口段渗透系数比值对比如图 3.18 所示。由图

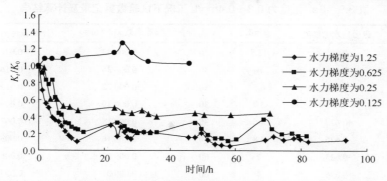

图 3.18　不同水力梯度下砂柱进口段渗透系数比值对比图

可知，水力梯度为 1.25、0.625、0.25 三种工况下进口段渗透系数均经历了快速下降、缓慢下降、逐渐平稳三个阶段；水力梯度为 1.25 工况下降幅最大，为 90%；水力梯度为 0.625 工况下降幅次之，为 83%；水力梯度为 0.25 工况下降幅最小，为 56%；水力梯度为 0.125 的工况下，由于水力梯度小，物理淤堵几乎不能发生，因此其渗透系数基本无变化。

3.3.2　化学淤堵砂柱试验

1. 试验数据记录

试验过程中保持进出口水力梯度一致，计算均质砂柱 t 时刻渗透系数 K_t。表 3.8～表 3.10 分别记录了不同浓度 Fe^{2+} 在三种工况下的试验数据及计算结果。

表 3.8　Fe^{2+}浓度为 0.4～0.5mg/L 工况下试验数据记录及计算结果

T /h	进出口水力梯度	Q /mL	t/s	渗透系数 K_t /（m/s）	平均流速 v/（cm/s）
0	0.625	14.5	30	0.000 49	0.024 62
12	0.625	13	30	0.000 44	0.022 07
24	0.625	11.5	30	0.000 39	0.019 52
36	0.625	10.5	30	0.000 36	0.017 83
48	0.625	9.4	30	0.000 32	0.015 96
60	0.625	8.5	30	0.000 29	0.014 43
72	0.625	7.5	30	0.000 25	0.012 73
84	0.625	7	30	0.000 24	0.011 88
96	0.625	7	30	0.000 24	0.011 88
108	0.625	6.5	30	0.000 22	0.011 03
120	0.625	6.5	30	0.000 22	0.011 03
132	0.625	6.3	30	0.000 21	0.010 70

表 3.9　Fe^{2+}浓度为 0.3～0.4mg/L 工况下试验数据记录及计算结果

T /h	进出口水力梯度	Q /mL	t/s	渗透系数 K_t /（m/s）	平均流速 v/（cm/s）
0	0.625	12.5	30	0.000 42	0.021 22
11	0.625	10	30	0.000 34	0.016 98
24	0.625	6.5	30	0.000 22	0.011 03
35	0.625	5.7	30	0.000 19	0.009 68
48	0.625	4.5	30	0.000 15	0.007 64
60	0.625	4.8	30	0.000 16	0.008 15
72	0.625	7	60	0.000 12	0.005 94
96	0.625	4	60	0.000 07	0.003 40

T /h	进出口水力梯度	Q/mL	t/s	渗透系数 K_t /（m/s）	平均流速 v/（cm/s）
108	0.625	3.5	90	0.000 04	0.001 98
120	0.625	3.5	90	0.000 04	0.001 98
132	0.625	3	120	0.000 03	0.001 27
144	0.625	3	150	0.000 02	0.001 02
156	0.625	3.5	150	0.000 02	0.001 19

表 3.10　Fe^{2+}浓度为 0.2～0.3mg/L 工况下试验数据记录及计算结果

T /h	进出口水力梯度	Q/mL	t/s	渗透系数 K_t /（m/s）	平均流速 v/（cm/s）
0	0.625	12	30	0.000 41	0.020 37
12	0.625	10.5	30	0.000 36	0.017 83
24	0.625	10.2	30	0.000 35	0.017 32
36	0.625	10	30	0.000 34	0.016 98
48	0.625	10.9	30	0.000 37	0.018 50
60	0.625	8	30	0.000 27	0.013 58
72	0.625	7.3	30	0.000 25	0.012 39
84	0.625	7	30	0.000 24	0.011 88
96	0.625	6.5	30	0.000 22	0.011 03
108	0.625	6.5	30	0.000 22	0.011 03
120	0.625	5.2	30	0.000 18	0.008 83
132	0.625	5.3	30	0.000 18	0.009 00

2. 试验结果分析

1）工况 1 下化学淤堵试验结果分析

在栗西尾矿库现场调查基础上，首先选择 Fe^{2+}浓度为 0.4～0.5mg/L 的工况（即工况 1），分析均质砂柱通入该溶液的水流时，其渗透系数比值 K_t/K_0 随时间的变化关系如图 3.19 所示。60h 后渗透系数比值 K_t/K_0 减小为 59%，132h 后渗透系数比值 K_t/K_0 再次减小 43%。渗透系数比值减小呈现先快后慢，逐渐稳定的趋势。

根据试验所得数据，对工况 1 下渗透系数随时间变化进行数据拟合，拟合解结果为

$$K_t = K_0 e^{-0.0068t} \tag{3.5}$$

式中，K_t 为 t 时刻的渗透系数，cm/s；K_0 为初始渗透系数，cm/s；t 为时间，s。

2）工况 2 下化学淤堵试验结果分析

为与 Fe^{2+}浓度为 0.4～0.5mg/L 的工况进行对比，将砂柱中 Fe^{2+} 的通入浓度减小为 0.3～0.4mg/L，其余试验条件相同。该工况下渗透系数比值 K_t/K_0 随时间的变化关系如图 3.20 所示。60h 后渗透系数比值 K_t/K_0 减小为 38%，156h 后渗透系

数比值 K_t/K_0 再次减小为 5%。因此，渗透系数也呈现先快后慢，逐渐稳定的趋势。

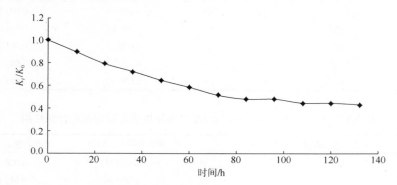

图 3.19 工况 1 下砂柱渗透系数比值随时间的变化关系

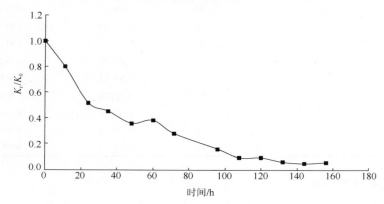

图 3.20 工况 2 下砂柱渗透系数比值随时间的变化关系

据试验数据，对工况 2 下渗透系数比值随时间变化进行数据拟合，拟合解结果为

$$K_t = K_0 e^{-0.016t} \tag{3.6}$$

3）工况 3 下化学淤堵试验结果分析

将砂柱中 Fe^{2+} 的通入浓度再次减小为 0.2～0.3mg/L，其余试验条件与前两种工况相同。该工况下渗透系数比值 K_t/K_0 随时间的变化关系如图 3.21 所示。60h 后渗透系数比值 K_t/K_0 减小为 66%，132h 后渗透系数比值 K_t/K_0 再次减小为 44%。因此，渗透系数也呈现先快后慢，逐渐稳定的趋势。

据试验数据，对工况 3 下渗透系数随时间变化数据进行拟合，拟合解结果为

$$K_t = K_0 e^{-0.0045t} \tag{3.7}$$

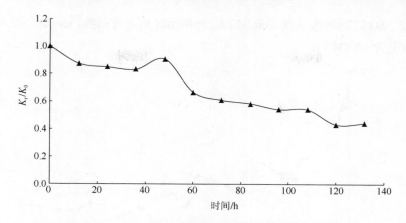

图 3.21　工况 3 下砂柱渗透系数比值随时间的变化关系

4）不同 Fe^{2+} 浓度工况下结果对比分析

对以上不同 Fe^{2+} 浓度工况下各时刻渗透系数进行对比，如表 3.11 所示。由表可知，各工况下开始 60h 内渗透系数降幅较快，随后 60h 内降幅减小，逐渐稳定。

表 3.11　不同 Fe^{2+} 浓度下各时刻渗透系数对比

Fe^{2+}浓度/（mg/L）	初始时刻渗透系数/（cm/s）	60h 渗透系数/（cm/s）	降幅/%	132h 渗透系数/（cm/s）	降幅/%
0.4～0.5	0.0490	0.0290	41	0.0210	57
0.3～0.4	0.0420	0.0160	62	0.0025	95
0.2～0.3	0.0410	0.0270	34	0.0180	56

3.3.3　物理-化学淤堵砂柱试验

分别对物理淤堵和化学淤堵进行研究后发现，当水力梯度足够大时，小粒径颗粒将随水流迁移，产生一定程度的物理淤堵，从而使渗透系数降低，渗流速度减小；均质砂柱中通入含有 Fe^{2+} 的水流时，会发生一定程度化学淤堵，致使孔隙率减小，渗透系数降低。在栗西尾矿库现场调查的基础上，选择 Fe^{2+} 浓度为 0.4～0.5mg/L，分析尾矿砂柱在通入该溶液水流时，其渗透系数随时间的变化关系，如图 3.22 所示。从图中可以看出，初始时刻渗透系数为 $2.47×10^{-4}$cm/s，23h 后渗透系数减小为 $0.77×10^{-4}$cm/s，130h 后渗透系数再次减小为 $0.30×10^{-4}$cm/s。因此，渗透系数也呈现先快后慢，逐渐稳定的趋势。

为了便于对比，将纵坐标进行无量纲处理，即采用当前时刻与初始时刻渗透系数比值（K_t/K_0），并采用指数函数进行拟合，如图 3.23 所示。拟合后的渗透系数与时间关系为

$$K_t = K_0 e^{-0.021t} \tag{3.8}$$

式中，K_t 为 t 时刻渗透系数，cm/s；K_0 为初始时刻渗透系数，cm/s；t 为时间，s（拟合方差 R^2=0.7307）。

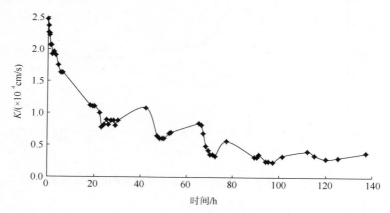

图 3.22　Fe^{2+} 浓度为 0.4～0.5mg/L 工况下尾矿砂柱渗透系数随时间的变化关系

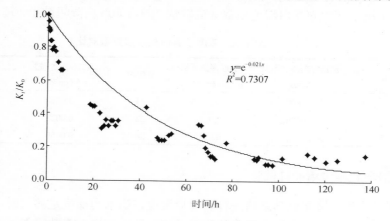

图 3.23　Fe^{2+} 浓度为 0.4～0.5mg/L 工况下尾矿砂柱渗透系数比值与时间的拟合曲线

根据拟合关系式（3.8），对二价铁离子浓度为 0.4～0.5mg/L 工况下尾矿砂柱渗透系数比值的变化规律进行预测，如图 3.24 所示。由图中可以看出，随着时间的延长，渗透系数开始快速下降，100h 后渗透系数降低为初始的 15%，之后下降速度放缓，并逐渐达到稳定。

比较图 3.22 与表 3.8 可知，初始时刻原状尾矿砂柱渗透系数（2.47×10⁻⁴cm/s）比均质砂柱（0.315mm 粒径，4.9×10⁻²cm/s）小两个数量级。对比表 3.8 与表 3.5 可知，初始时刻均质砂柱（0.315mm 粒径，4.9×10⁻²cm/s）比两种粒径砂柱（0.315mm 和 0.16mm 粒径，2.5×10⁻²cm/s）渗透系数大两倍左右。

为了便于比较，将前文所述 Fe^{2+} 浓度为 0.4～0.5mg/L 下的均质砂化学淤堵渗透系数与此处所述 Fe^{2+} 浓度为 0.4～0.5mg/L 下的尾矿砂物理-化学淤堵渗透系数比值与时间的变化关系曲线绘制于图 3.25。由图中可以看出，尾矿砂渗透系数比值下降速度较快，最终稳定于初始值的 15%附近，而均质砂渗透系数比值下降速度较慢，最终稳定于初始值的 44%附近。

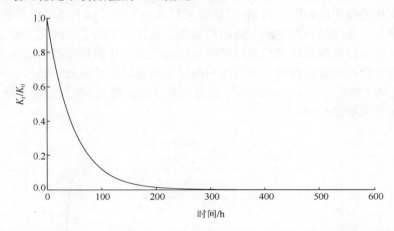

图 3.24　Fe^{2+}浓度为 0.4～0.5mg/L 工况下尾矿砂柱渗透系数比值变化预测曲线

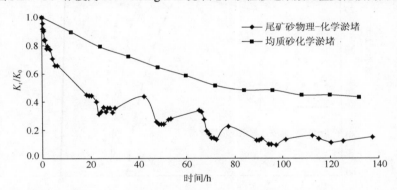

图 3.25　均质砂化学淤堵与尾矿砂物理-化学淤堵下渗透系数比值与时间的变化关系

　　本节以栗西尾矿坝现场调研为基础，设计了 4 组物理淤堵室内砂柱试验和 3 组化学淤堵室内砂柱试验，分别在试验中测量了砂柱渗透系数比值随时间的变化，找出了两者之间的相互作用关系。试验设计较为贴合工程实际，为今后进一步研究物理淤堵和化学淤堵提供一定依据。

3.4　垃圾堆体重度与渗透试验结果及分析

3.4.1　垃圾堆体重度试验结果及分析

　　现场共采集了 6 组 18 个垃圾样品，每组垃圾样品分别在 10cm、30cm 和 50cm

填埋深度处取得，测得各填埋深度时垃圾的平均天然重度分别为 8.0kN/m³、8.3kN/m³ 和 8.4kN/m³。从该数据可以看出埋深越大，垃圾重度越高，但由于埋深相差不大，垃圾重度基本变化不大。涂帆等（2008）改进后的垃圾天然重度随填埋深度变化规律曲线如图 3.26 所示，试验采样过程中只采集了填埋场的表层垃圾，其他深层垃圾重度结合图中的三条曲线取得，这样既节约了时间又节省了造价。从西安江村沟垃圾填埋场的垃圾重度随填埋深度的变化曲和推荐的垃圾重度随填埋深度的变化曲线可以看出，西安江村沟垃圾填埋场的垃圾处于低压实和一般压实程度之间，其重度为 8～14kN/m³，随着填埋深度的增加，垃圾的重度逐渐增大，并且其增大速率逐渐减小。

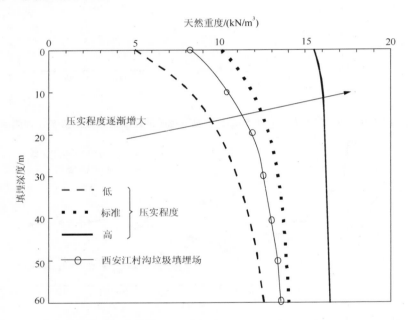

图 3.26　江村沟垃圾填埋场和其他垃圾填埋场（涂帆等, 2008）垃圾土重度对比图

3.4.2　垃圾堆体渗透试验结果及分析

通过上述试验，可得填埋场表层 50cm 深处垃圾的饱和渗透系数，如图 3.27 所示。从图中可以看出饱和渗透系数起初呈波动变化，并且每组试验所得的饱和渗透系数值有微小的差异，过一段时间后，渐渐趋于稳定状态，最后，确定出垃圾的饱和渗透系数。分析上述结果产生的原因，第 1 组试验中得到的饱和渗透系数相对第 2 组和第 3 组的较大，是因为该组垃圾样品是取自下游正在填埋的区域，填埋时间较短，压实程度相对较低，并且垃圾组分发生了一定的变化，有机物含量较多。而第 1 组试验起始测量时间较早，垃圾内的空气以及垃圾与试验柱边壁的空气尚未排除完全，并且存在人工测量误差，因此得到的饱和渗透系数波动幅

度较大。第 1、2 组试验结果差别不大，其样品均取自填埋场的中部，垃圾组分变化不大，并且填埋较早，压实程度较高，垃圾含水量较高，在试验前通水 10min 可将垃圾内的空气基本排除完，因此得到的饱和渗透系数基本稳定。根据 3 组试验所得的结果，取其饱和渗透系数的平均值为 4.981×10^{-5} m/s，确定出填埋场表层垃圾饱和渗透系数。

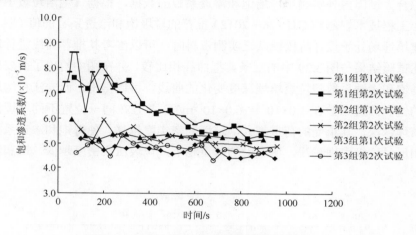

图 3.27　表层 50cm 深处垃圾渗透试验结果

图 3.28 为自制 10m 埋深处垃圾的饱和渗透系数情况。在测量之前的排气阶段，可观察到垃圾的透水量极小，这是因为新鲜垃圾有憎水性，使得垃圾表面附着有很多空气，使垃圾处于不饱和状态。随着水的流动垃圾中的空气被逐渐带出试验柱，垃圾逐渐饱和直至极少有气泡排出，开始测量第一组数据。试验中每 10min 测量一组数据，直至透水量基本保持稳定状态，约为 120mL。图中显示垃圾饱和

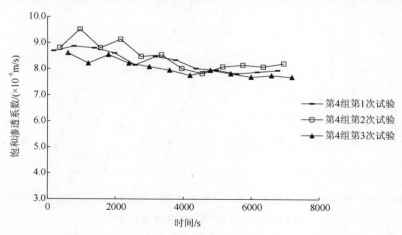

图 3.28　10m 埋深处垃圾渗透试验结果

饱和渗透系数较小，并且波动幅度较小。这是因为垃圾压实密度大，使得初始阶段水流对试验柱内垃圾的冲击作用小，透过垃圾的水流量也较小，从而使渗透系数较小。根据试验所得的结果，取其饱和渗透系数的平均值为 $7.958×10^{-6}$ m/s，确定出填埋场 10m 埋深处垃圾的饱和渗透系数。

综合大量国内外实测填埋场饱和渗透系数的数据，根据《生活垃圾卫生填埋场岩土工程技术规范》（GJJ 176—2012）推荐的垃圾饱和渗透系数的值（图 3.29），当新建填埋场处于设计阶段或缺乏实测资料时，可以参考其推荐曲线进行取值。将上述试验结果与图 3.29 中的三条典型曲线相比较，并在图中给出了西安江村沟填埋场饱和渗透系数随垃圾填埋深度变化的曲线。可以得出，西安江村沟垃圾填埋场的饱和渗透系数在 $1.0×10^{-9}$～$6.0×10^{-5}$ m/s，并且在同一位置不同填埋深度，垃圾填埋越深，其承受的荷重越大，垃圾的密实度越高，使得饱和渗透系数值越小；相反，垃圾填埋越浅，所承受的荷重越小，垃圾压实密度越低，饱和渗透系数越大。

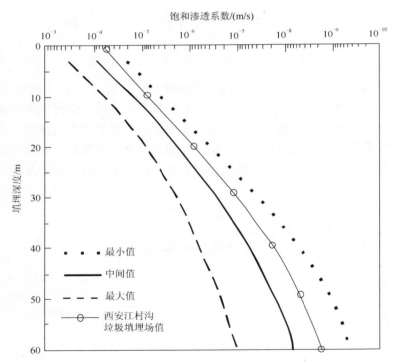

图 3.29　西安江村沟垃圾填埋场和《生活垃圾卫生填埋场岩土工程技术规范》
（CJJ 176—2012）的垃圾饱和渗透系数对比图

通过室内试验的方法对江村沟垃圾填埋场垃圾重度和饱和渗透系数进行测定，并对比其他垃圾填埋场的数据，得出了该填埋场的重度与填埋深度的关系曲线和饱和渗透系数与填埋深度的关系曲线（Yang et al., 2016）。经分析可知，西安江村沟垃圾填埋场的压实程度在中等和低压实之间，垃圾重度随着填埋深度的增加而增加，由于填埋场底部垃圾压实程度变化不大，所以重度增加速率随填埋深度的增加而逐渐减小。该填埋场饱和渗透系数在中间值和最大值之间，垃圾的饱和渗透系数随着填埋深度的增加而增大，由于填埋场底部垃圾压实程度变化不大，所以饱和渗透系数的增加速率随填埋深度的增加而逐渐减小，直至 60m 埋深以上趋于稳定。填埋场的饱和渗透系数不仅与压实程度有关，也与垃圾的组成成分密切相关。垃圾中有机物含量越多，饱和渗透系数越大；无机物含量越多，饱和渗透系数越小。

3.5 本 章 小 结

以栗西尾矿坝和西安江村沟垃圾填埋场现场调研为基础，本章通过室内砂柱试验研究物理淤堵情况下试验砂柱渗透系数随时间的变化关系，同时研究了垃圾堆体中垃圾重度和饱和渗透系数随垃圾填埋深度的变化规律。可得出如下结论：

（1）以 0.16mm 和 0.315mm 的工业砂按 1∶1 混合代替尾矿砂，这两种粒径砂砾混合确实发生了物理淤堵现象，渗透系数随时间减小，经过快速下降、缓慢下降、最后逐渐到达稳定阶段，且不同水力梯度对淤堵范围及淤堵深度影响不同。对三种不同亚铁离子浓度的溶液进行化学淤堵室内砂柱试验，三种工况下均发生了不同程度的化学淤堵，淤堵时间较物理淤堵缓慢，经过渗透系数下降和逐渐平稳两个阶段。

（2）通过室内试验和工程类比分析，西安江村沟垃圾填埋场处于低压实和一般压实程度之间，其垃圾重度与填埋深度成正比，并且增大速率与填埋深度成反比。垃圾饱和渗透系数与填埋深度成正比，并且增加速率与填埋深度成反比。同时得出垃圾中有机物含量越多，饱和渗透系数越大；无机物含量越多，饱和渗透系数越小。

参 考 文 献

涂帆, 钱学德, 2008. 中美垃圾填埋场垃圾土的重度、含水量和相对密度[J]. 岩石力学与工程学报, 27(增 1): 3075-3081.

徐永福, 兰守奇, 王艳明等, 2006. 城市生活垃圾的工程特性[J]. 江苏环境科技, 19(3): 20-23.

许增光, 2014. 考虑物理–化学淤堵作用的尾矿坝渗透特性研究[R]. 西安: 西安理工大学博士后出站报告.

中华人民共和国住房和城乡建设部, 2012. 生活垃圾卫生填埋场岩土工程技术规范(CJJ 176—2012)[S]. 北京: 中国建筑工业出版社.

HOSSAIN M S, PENMETHSA K K, HOYOS L, 2009. Permeability of municipal solid waste in bioreactor landfill with degradation[J]. Geotechnical and Geological Engineering, 27(1): 43-51.

XU Z G, YANG X M, CHAI J R, et al., 2016. Permeability characteristics of tailings considering chemical and physical clogging in Lixi tailings dam, China[J]. Journal of Chemistry: 1-8.

YANG R, XU Z G, CHAI J R, et al., 2016. Permeability test and slope stability analysis of municipal solid waste in Jiangcungou Landfill Shaanxi China[J]. Journal of the Air & Waste Management Association, 66(7): 655-662.

第 4 章　尾矿堆积坝淤堵渗流场数值模拟

4.1　基于 MODFLOW 的栗西尾矿堆积坝淤堵渗流场数值模拟

4.1.1　考虑化学淤堵作用的地下水流场数学模型建立

辐射排水井由于其高效的出水量常被尾矿坝的排水系统所采用。Wu 等（2008）发现位于陕西省金堆城栗西尾矿坝的地下水样中含有大量的二价铁离子，当 pH 在 6.8～7.5 时，二价铁离子很容易被氧化为三价铁离子而形成氢氧化铁，然后氢氧化铁又转化为其他铁氧化物沉淀下来。当这些氧化物逐渐沉淀和累积后，含水层中的孔隙将会发生淤堵，称其为化学淤堵现象。武君（2008）在一个柱实验中研究了二价铁离子的化学淤堵过程，此实验柱由取自栗西尾矿坝的砂粒填充，柱长为 20cm，柱内径为 5cm。在柱子进口通入 100mg/L 的二价铁离子溶液，运行 42 天以后几乎完全被淤堵。仵彦卿（2009）拟合了该实验的结果，给出了渗透系数与时间的关系。在实验前 26 天，渗透系数与时间符合线性关系：

$$K_t = K_0 (0.91007762 - 0.0061897295t) \tag{4.1}$$

式中，K_t 为 t 时刻的渗透系数，m/d；K_0 为初始渗透系数，10^8m/d；t 为时间，d。

在 26 天以后，满足以下指数关系：

$$K_t = K_0 \left[0.724367 - 497.41973 \exp\left(-143727.9t^{-2.6158842}\right) \right] \tag{4.2}$$

根据式（4.1）～式（4.2）可知，渗透系数在第 26 天和第 45 天分别减小为初始值的 75%和 17%。本章所考虑的化学淤堵假设仅发生在辐射排水井的垂向竖井周围，因为此处的溶解氧相对充足容易发生二价铁离子的氧化还原反应。于是式（4.1）～式（4.2）与地下渗流场数学模型一起构成了考虑辐射排水井周围化学淤堵作用的地下水流场计算模型（Konikow et al., 2009, 2006）。在 MODFLOW-2005 V1.8 基础上，开发了一个专门用于计算化学淤堵辐射排水井的地下水流场计算程序，具体见附录。

4.1.2　含水层辐射排水井淤堵过程的数值模拟

1. 计算模型及条件

为了分析化学淤堵引起的辐射排水井出水量的变化，首先对一个简单的三维含水层辐射排水井淤堵过程进行分析。该研究区域为 10m×10m×10m 的立方体结构含水层，共分为 19×19×20=7220 个单元。在研究区域中心设计了一个辐射排水井，其垂向竖井直径为 0.3m，井深为 9m。四个水平排水管设计在第 18 层（层数编号自上而下依次为 1, 2, 3，…，20），其中排水管内径为 0.04m，长度为 5.66m，如图 4.1 所示。

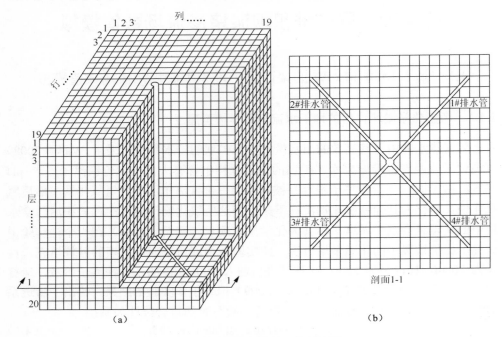

图 4.1　辐射排水井计算模型简图

假设研究区域为各向同性的均匀介质含水层，其中渗透系数为 10.8m/d，储水系数为 $6.9 \times 10^{-3} \text{m}^2$（Harbaugh, 2005），水平排水管的渗透传导率为 10.8m/d。区域的前、后、左、右四个边界假定为第一类边界条件，水头为 20m。上、下两个边界为不透水边界。初始水头为辐射排水井中水位稳定于 10m 时的含水层的水头分布。

2. 计算结果及分析

为了比较由化学淤堵而引起的辐射排水井出水量变化，采用 4.1.1 小节建立的地下水渗流场数学模型进行为期 45 天的模拟计算。由于研究区为承压含水层，故整个模拟期均处于饱和状态。出水量计算结果如表 4.1 所示，表中显示总出水量由初始的 2870.1m³/d 下降到第 45 天的 2436.4m³/d，降幅为 15%。图 4.2 给出了竖井与排水管的出水量在淤堵前后的变化，垂向竖井由于其周围渗透系数下降而出水量大幅降低，但水平排水管却由于其所处含水层水位升高而使水头差增加，进而导致出水量略有上升。图 4.3 给出了位于第 1 层第 10 行各单元的水头分布，可以看出淤堵发生后各单元水位均有不同程度的升高，其中垂向竖井所在单元水位增幅最大，从初始的 10.8m 增加到第 45 天的 13.4m。图 4.4 给出了在第 1 层和第 18 层的水头等值线分布，可以看出在淤堵发生 45 天后，整个平面上的水头均有上升，但第 1 层水头增幅比第 18 层增幅要大。图 4.5 给出了沿 2#和 4#水平排水管方向的纵剖面水头等值线分布，结果表明第 45 天的水头与初始水头相比而言，自下而上增幅越来越大。此外，对只有竖井出水作用的普通井在淤堵前后的出水量变化也进行了计算，结果如表 4.1 所示，可知淤堵 45 天后该井总出水量下降了 29%。

表 4.1　初始时刻和第 45 天时的总出水量比较

时间	总出水量/（m³/d）	
	辐射排水井	普通水井
初始时刻	2870.1	1894.4
第 45 天	2436.4	1340.3

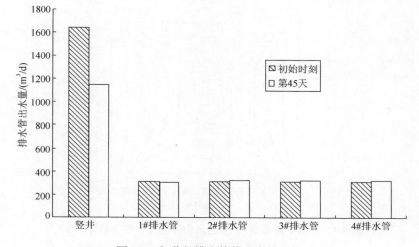

图 4.2　竖井与排水管的出水量变化

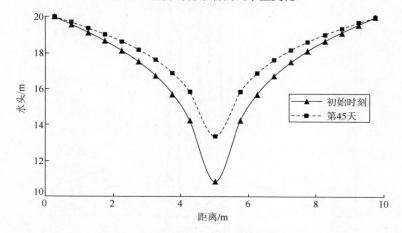

图 4.3　位于第 1 层第 10 行各单元的水头分布

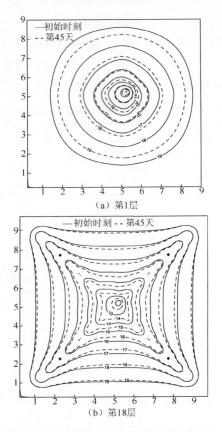

（a）第1层

（b）第18层

图 4.4　在第 1 层和第 18 层的水头等值线分布（单位：m）

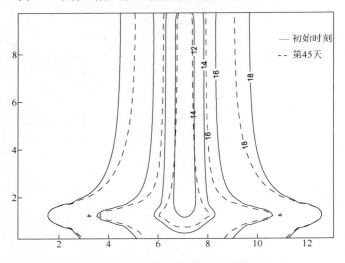

图 4.5　沿水平集水管 2#和 4#的纵剖面水头等值线分布（单位：m）

4.1.3　栗西尾矿堆积坝辐射排水井淤堵过程数值模拟

1. 计算模型及条件

为了进一步分析化学淤堵所引起的地下水位变化，将开发的模型应用于陕西栗西尾矿坝的辐射排水井淤堵案例中。研究范围为 1190m×1440m×134m，如图 4.6和图 4.7 所示。该研究区域被剖分为 5 层，如图 4.7 所示，水平方向的剖分如图 4.8 所示，共计单元为 67×76×5=25460。为了保证尾矿坝体的安全稳定运行，设计了 9 个辐射排水井去降低坝体内的水位。但由于现场数据的缺乏，仅选择了辐射排水井 8#和 9#（命名为 RC8#和 RC9#）作为研究对象，RC8#和 RC9#贯穿第2~4 层，竖井的半径等于 0.6m。假设 RC8#和 RC9#拥有相同的结构，即包括沿 0°、45°、90°方向的 3 根水平排水管（图 4.6），其长度分别等于 55m、63.6m 和 55m。辐射排水井的水头保持恒定，为 1234m。渗透系数假设各向同性，等于 10.8m/d，

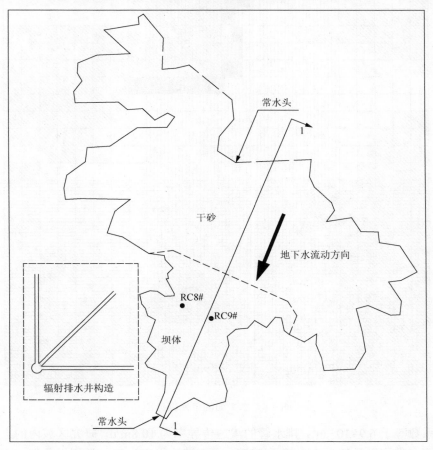

图 4.6　栗西尾矿堆积坝模型计算简图

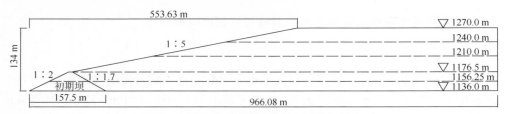

图 4.7　纵剖面 1-1 简图和垂向上的单元剖分图

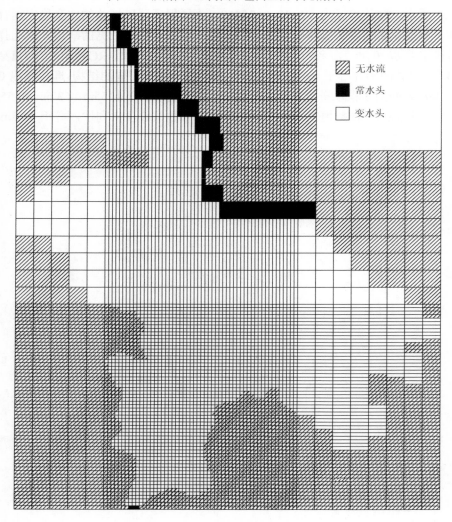

图 4.8　水平面的单元剖分图

储水系数等于 $6.9×10^{-3}m^2$，排水管的渗透传导率为 10.8m/d。研究区域内的上游边界为第一类边界条件，水头等于 1270m；下游边界亦为第一类边界条件，水头等于 1147m。初始水头为当 RC8#和 9#水位恒定于 1234m 时，整个研究区域水位达到稳定时的水位，如图 4.9~4.12 所示。

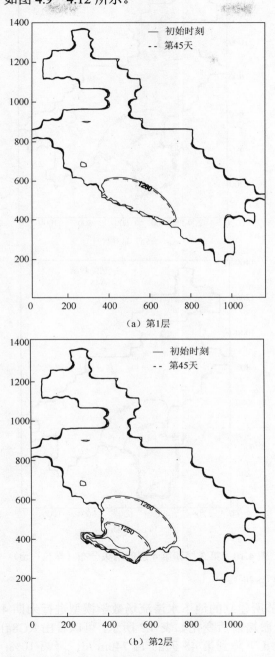

（a）第1层

（b）第2层

图 4.9　第 1 层和第 2 层的水头分布（单位：m）

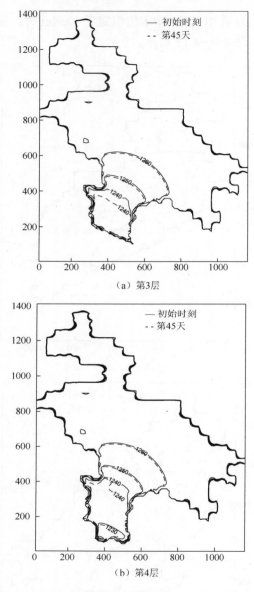

（a）第3层

（b）第4层

图 4.10　第 3 层和第 4 层的水头分布（单位：m）

2. 计算结果及分析

利用 4.1.1 小节所建立的地下水渗流场数学模型进行为期 45 天的模拟计算。辐射排水井出水量淤堵前后变化如表 4.2 所示，可以看出 RC8#的总出水量由初始时刻的 15 189.4m³/d 下降到第 45 天的 13 740m³/d，降幅 10%；RC9#的总出水量由初始时刻的 15 835.9m³/d 下降到第 45 天的 14 044.9m³/d，降幅 11.3%。第 1～5

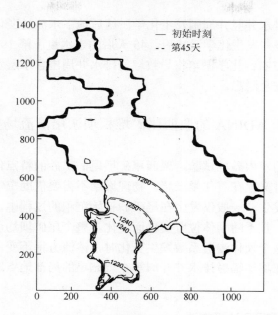

图 4.11　第 5 层的水头分布（单位：m）

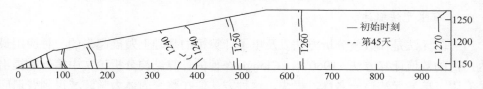

图 4.12　在纵剖面 1-1 内的水头分布（单位：m）

层在淤堵前后水头等值线见图 4.9～图 4.11，图中显示淤堵发生后各层水位均有所上升，尤其是在第 3～5 层（图 4.10 和图 4.11）中的等值线 1240m 有很大幅度向下游移动。图 4.12 给出了纵剖面 1-1 内淤堵前后的水头变化，其中水位等值线 1240m 明显的向下游偏移。总之，地下水位由于化学淤堵作用有了很明显的上升。因此，对于容易发生化学淤堵的辐射排水井，很可能会引起水位的上升从而影响坝体的安全，引起泥石流事故的发生。Xu 等（2011）通过对辐射排水井竖井周围发生化学淤堵后地下水流场变化的分析，化学淤堵将导致辐射排水井周围含水层水位上升，从而威胁到工程的安全。

表 4.2　初始时刻和第 45 天时总出水量对比

井号	总出水量/（m³/d）	
	初始时刻	第 45 天
RC8#	15 189.4	13 740.0
RC9#	15 835.9	14 044.9

　　通过对辐射排水井竖井周围发生化学淤堵后地下水流场变化的分析。结果表明，辐射排水井竖井发生化学淤堵后，45 天后的出水量下降 10%～15%，而普通竖井降幅达 30%左右；化学淤堵将导致辐射排水井周围含水层水位上升，给相关工程带来一定的安全隐患。

4.2　基于 ADINA 的栗西尾矿堆积坝淤堵渗流场数值模拟

　　经过一系列的室内砂柱试验，栗西尾矿坝尾矿矿砂的特点使得坝体内部即能产生物理淤堵同时又存在着化学淤堵。物理淤堵不需要借助空气等外界条件，随着渗流即可逐步发生，一般仅发生在尾矿砂初始沉积的过程中，相对"较短"的时间内便可稳定，且不随坝体位置变化而变化，整个尾矿坝均可产生物理淤堵。根据渗流方程，整个坝体渗透系数发生变化时，渗流方程不变，即浸润面不变。因此，本章只对在坝体辐射排水井井周等空气充足的局部地点发生的化学淤堵进行数值分析。

4.2.1　渗流分析原理及计算方法

1. 有限元法概述

　　有限元法是在数值分析方法以及电子计算机的基础上发展起来的一种应用最为广泛的数值计算方法。1960 年，Clough 在他的计算结构分析论文中第一次提出了有限（单）元法这一名称，很快，这种方法便在整个固体力学领域得到普遍应用。Zienkiewicz 和 Cheung 在 1965 年发表的求解拟调和微分方程的论文中应用了有限元法，在这之后，流体力学领域逐渐引用这种方法。到了 20 世纪 70 年代，在计算稳定和非稳定渗流时，有限元法得到了广泛应用。有限元法的应用发展之快，十分引人注目，并且这种方法仍随着计算机的普及不断地完善着。如今，有限元法已经应用到求解非饱和与饱和渗流、各种坝型的二维、三维稳定以及非稳定渗流、各向异性岩体的裂隙渗流和非达西流等问题中，同时也已经应用到很多的大型水利水电项目中。

　　有限元法的指导思想是分块差值与剖分离散，它首先将求解区域离散成有限个单元组合体，并且这些单元组合体是按照一定方式连接的，整个求解域中待求的未知函数是通过每个单元中所假定的近似函数分片来表达的。由于单元连接方式的组合不同，并且单元自身形状又具有多样性，所以能够将求解域复杂的几何形状进行模型化。单元中的近似函数是由未知场函数或其导数在单元各个节点上的数值所构成的新的未知量，这使得连续无限自由度问题转化为离散有限自由度问题。这些新的未知量一经求出，就能够利用插值函数对每个单元中的场函数近似值进行计算，从而可以得出整个求解域中的场函数近似值。单元的自由度越多或是单元函数越多以及插值函数的精度越高，解的精度也越高。

虽然有限元法在实施上与有限差分法类似，但在实施方法上仍存在着一定的差异。有限差法直接通过微分方程，以离散格式逐渐地逼近方程中的导数。而有限元法则恰恰相反，是将微分方程与相应的边界条件变换成泛函数求极值问题。有限元法可以看做是近似里兹法的一种应用。

2. 渗流分析的有限元法计算原理及实施步骤

1）渗流的基本方程和边界条件

非均质各向异性并且符合达西定律的土体，若渗透主轴方向与坐标轴的方向一致，其三维渗流问题可以归纳成以下的边界问题：

$$\frac{\partial}{\partial x}\left(K_x\frac{\partial H}{\partial x}\right)+\frac{\partial}{\partial y}\left(K_y\frac{\partial H}{\partial y}\right)+\frac{\partial}{\partial z}\left(K_z\frac{\partial H}{\partial z}\right)=\mu_s\frac{\partial H}{\partial t}\quad（在 \varOmega 中）\tag{4.3}$$

初始条件为

$$H\big|_{t=0}=f_0(x,y,z,0)\quad（在 \varOmega 中）\tag{4.4}$$

水头边界为

$$H\big|_{\varGamma_1}=f_1(x,y,z,t)\quad（在 \varGamma_1 上）\tag{4.5}$$

流量边界为

$$k_n\frac{\partial H}{\partial n}\bigg|_{\varGamma_2}=f_2(x,y,z,t)\quad（在 \varGamma_2 上）\tag{4.6}$$

式中，$\varGamma_1$ 为已知水头值的边界曲面；$\varGamma_2$ 为已知流量值的边界曲面；$\varOmega$ 为渗流的区域，是由 $\varGamma_1$ 和 $\varGamma_2$ 围成的；H 为区域各点的水头，$H=H(x,y,z,t)$ 为待求的水头函数；$f_0(x,y,z,0)$ 为区域各点的初始水头；$f_1(x,y,z,t)$ 为 $\varGamma_1$ 上的已知水头；$f_2(x,y,z,t)$ 为 $\varGamma_2$ 上的已知流量。

对于所研究的渗流场，由变分原理，上述的定解问题和下述的泛函数极小值是等价的。

$$I(H)=\iiint\limits_{\varOmega}\left\{\frac{1}{2}\left[K_x\left(\frac{\partial H}{\partial x}\right)^2+K_y\left(\frac{\partial H}{\partial y}\right)^2+K_z\left(\frac{\partial H}{\partial z}\right)^2\right]+\mu_s H\left(\frac{\partial H}{\partial t}\right)\right\}\mathrm{d}x\mathrm{d}y\mathrm{d}z$$

$$+\iint\limits_{\varGamma_2}f_2 H\mathrm{d}\varGamma\tag{4.7}$$

2）渗流场的离散

渗流场的边界确定以后，将离散渗流区域 $\varOmega$ 划分成 m 个单元体 e，这些单元体互不相交。一般设单元体的基函数 N_i 由单元体相应 M 个节点的位置坐标组成，

那么单元体 e 中任意一点水头表达式为

$$H = \sum_{i=1}^{M} N_i H_i \qquad (4.8)$$

3）有限元计算公式

渗流场被划分成若干个单元，渗流场也就成为了单元的总和。因此式（4.7）也就相应的分解成为相关单元的泛函数之和，则其表达式改写为

$$I(H) = \sum_{i=1}^{M} \iiint_{\Omega} \left\{ \frac{1}{2}\left[K_x \left(\frac{\partial H}{\partial x}\right)^2 + K_y \left(\frac{\partial H}{\partial y}\right)^2 K_z \left(\frac{\partial H}{\partial z}\right)^2 \right] + \mu_s H \left(\frac{\partial H}{\partial t}\right) \right\} \mathrm{d}x\mathrm{d}y\mathrm{d}z$$
$$+ \sum_{j=1}^{k} \iint_{\Gamma_2} f_2 H \mathrm{d}\Gamma \qquad (4.9)$$

把式（4.8）代入式（4.9）中，单元 e 的泛函数用 $I^e(H)$，则有

$$I^e(H) = \iiint_{e} \left\{ \frac{1}{2}\left[K_x \left(\frac{\partial H}{\partial x}\right)^2 + K_y \left(\frac{\partial H}{\partial y}\right)^2 + K_z \left(\frac{\partial H}{\partial z}\right)^2 \right] + \mu_s H \left(\frac{\partial h}{\partial t}\right) \right\} \mathrm{d}x\mathrm{d}y\mathrm{d}z$$
$$+ \iint_{\Gamma_2} f_2 h \mathrm{d}\Gamma$$
$$= I_1^e + I_2^e + I_3^e \qquad (4.10)$$

依次求导式（4.10）中的各项并求其最小值：

$$I_1^e = \iiint_{e} \left\{ \frac{1}{2}\left[K_x \left(\frac{\partial H}{\partial x}\right)^2 + K_y \left(\frac{\partial H}{\partial y}\right)^2 + K_z \left(\frac{\partial H}{\partial z}\right)^2 \right] + \mu_s H \left(\frac{\partial h}{\partial t}\right) \right\} \mathrm{d}x\mathrm{d}y\mathrm{d}z \qquad (4.11)$$

式（4.11）中，依次求导单元各节点水头 H_1，H_2，H_3，$\cdots$，H_M，可得

$$\frac{\partial I_1^e}{\partial H_i} = \frac{\partial}{\partial H_i} \iiint_{e} \left\{ \frac{1}{2}\left[K_x \left(\frac{\partial H}{\partial x}\right)^2 + K_y \left(\frac{\partial H}{\partial y}\right)^2 + K_z \left(\frac{\partial H}{\partial z}\right)^2 \right] + \mu_s H \left(\frac{\partial h}{\partial t}\right) \right\} \mathrm{d}x\mathrm{d}y\mathrm{d}z$$
$$= \frac{1}{2} \iiint_{e} \left\{ \frac{1}{2}\left[K_x \frac{\partial}{\partial H_i}\left(\frac{\partial H}{\partial x}\right)^2 + K_y \frac{\partial}{\partial H_i}\left(\frac{\partial H}{\partial y}\right)^2 + K_z \frac{\partial}{\partial H_i}\left(\frac{\partial H}{\partial z}\right)^2 \right] + \mu_s H \left(\frac{\partial h}{\partial t}\right) \right\} \mathrm{d}x\mathrm{d}y\mathrm{d}z$$
$$\qquad (4.12)$$

将式（4.11）代入式（4.12），得

$$\frac{\partial I_1^e}{\partial H_i} = \frac{1}{2} \iiint_{e} \left[2K_x \left(\sum_{K=1}^{M} \frac{\partial N_k}{\partial x} H_k\right)\frac{\partial N_i}{\partial x} + 2K_y \left(\sum_{K=1}^{M} \frac{\partial N_k}{\partial y} H_k\right)\frac{\partial N_i}{\partial y} + 2K_z \left(\sum_{K=1}^{M} \frac{\partial N_k}{\partial z} H_k\right)\frac{\partial N_i}{\partial z} \right] \mathrm{d}x\mathrm{d}y\mathrm{d}z$$
$$= \sum_{k=1}^{M} H_k \iiint_{e} \left(K_x \frac{\partial N_k}{\partial x}\frac{\partial N_i}{\partial x} + K_y \frac{\partial N_k}{\partial y}\frac{\partial N_i}{\partial y} + K_z \frac{\partial N_k}{\partial z}\frac{\partial N_i}{\partial z} \right) \mathrm{d}x\mathrm{d}y\mathrm{d}z \quad (i=1,2,\cdots,M)$$
$$\qquad (4.13)$$

令 $K_{ij} = \iiint\limits_{e} (K_x \dfrac{\partial N_i}{\partial x}\dfrac{\partial N_j}{\partial x} + K_y \dfrac{\partial N_i}{\partial y}\dfrac{\partial N_j}{\partial y} + K_z \dfrac{\partial N_i}{\partial z}\dfrac{\partial N_j}{\partial z})\mathrm{d}x\mathrm{d}y\mathrm{d}z$，有

$$
\begin{Bmatrix} \dfrac{\partial I_1^e}{\partial H_1} \\ \dfrac{\partial I_2^e}{\partial H_2} \\ \vdots \\ \dfrac{\partial I_M^e}{\partial H_M} \end{Bmatrix} = \begin{bmatrix} K_{11}K_{22}\cdots K_{1M} \\ K_{21}K_{22}\cdots K_{2M} \\ \vdots \quad \vdots \quad \vdots \\ K_{M1}K_{M2}K_{MM} \end{bmatrix} \begin{Bmatrix} H_1 \\ H_2 \\ \vdots \\ H_M \end{Bmatrix} = [K]^e \{H\}^e \tag{4.14}
$$

第二项 I_2^e 为

$$
I_2^e = \iiint\limits_{e} \mu_s H \dfrac{\partial H}{\partial t}\mathrm{d}x\mathrm{d}y\mathrm{d}z \tag{4.15}
$$

求导单元 e 的 M 个节点水头，可得

$$
\begin{aligned}
\dfrac{\partial I_2^e}{\partial H_i} &= \mu_s \iiint\limits_{e} \dfrac{\partial}{\partial H_i}\left(\sum_{K=1}^{M} N_k H_k\right)\left(\sum_{K=1}^{M} N_k \dfrac{\partial H_k}{\partial t}\right)\mathrm{d}x\mathrm{d}y\mathrm{d}z \\
&= \mu_s \iiint\limits_{e} \left(\sum_{k=1}^{M} N_k \dfrac{\partial H_k}{\partial t}\right) N_i \mathrm{d}x\mathrm{d}y\mathrm{d}z \\
&= \sum_{k=1}^{M} \dfrac{\partial H_k}{\partial t} \mu_s \iiint\limits_{e} N_k N_i \mathrm{d}x\mathrm{d}y\mathrm{d}z
\end{aligned} \tag{4.16}
$$

令 $S_{ij} = \mu_s \iiint\limits_{e} N_i N_j \mathrm{d}x\mathrm{d}y\mathrm{d}z$，那么

$$
\begin{Bmatrix} \dfrac{\partial I_1^e}{\partial H_1} \\ \dfrac{\partial I_2^e}{\partial H_2} \\ \vdots \\ \dfrac{\partial I_M^e}{\partial H_M} \end{Bmatrix} = \begin{bmatrix} K_{11} & K_{22} & \cdots & K_{1M} \\ K_{21} & K_{22} & \cdots & K_{2M} \\ \vdots & \vdots & & \vdots \\ K_{M1} & K_{M2} & \cdots & K_{MM} \end{bmatrix} \begin{Bmatrix} H_1 \\ H_2 \\ \vdots \\ H_M \end{Bmatrix} = [S]^e \{H\}^e \tag{4.17}
$$

第三项 I_3^e 是代表 $\varGamma_2$ 边界流量边界条件的面积分。将自由边界 $\varGamma_3$ 看成是流量补给边界，即 $f_2 = s\dfrac{\partial H}{\partial t}H_M Kq_{s2}(M,t)S_2 h TkC$，其中 s 代表给水度，那么

$$
I_3^e = \iint\limits_{\varGamma_2} f_2 H \mathrm{d}\varGamma + \iint\limits_{\varGamma_3} s H \dfrac{\partial H}{\partial t}\mathrm{d}\varGamma
$$

$$= \iint\limits_{\Gamma_1} s \sum_{k=1}^{M} N_k H_k \cdot \sum_{k=1}^{M} N_k \frac{\partial H_k}{\partial t} \mathrm{d}\Gamma + \iint\limits_{\Gamma_2} f_2 \sum_{k=1}^{M} N_k H_k \mathrm{d}\Gamma \tag{4.18}$$

I_3^e 对单元 e 中的任意一个节点水头 H_i 求导，则

$$\frac{\partial I_e}{\partial H_i} = \iint\limits_{\Gamma_2} f_2 N_i \mathrm{d}\Gamma + \iint\limits_{\Gamma_3} s N_i \sum_{k=1}^{M} N_k \frac{\partial H_k}{\partial t} \mathrm{d}\Gamma$$

$$= \iint\limits_{\Gamma_2} f_2 N_i \mathrm{d}\Gamma + \left\{ \iint\limits_{\Gamma_3} s N_i N_1 \mathrm{d}\Gamma, \cdots, s N_i N_M \mathrm{d}\Gamma \right\} \left\{ \begin{matrix} \dfrac{\partial H_i}{\partial t} \\ \vdots \\ \dfrac{\partial H_M}{\partial t} \end{matrix} \right\} \tag{4.19}$$

可得

$$\left\{ \begin{matrix} \dfrac{\partial I_3^e}{\partial H_1} \\ \vdots \\ \dfrac{\partial I_3^e}{\partial H_M} \end{matrix} \right\} = [P]^e \left\{ \frac{\partial H}{\partial t} \right\}^e + \{F\}^e \tag{4.20}$$

式中，$[P]^e = [P_{ij}]^e$；$P_{ij} = \iint\limits_{\Gamma_3} s N_i N_j \mathrm{d}\Gamma$；$\{\overline{F}\} = \left\{ \begin{matrix} \iint\limits_{\Gamma_2} f_2 N_1 \mathrm{d}\Gamma \\ \vdots \\ \iint\limits_{\Gamma_2} f_2 N_{1M} \mathrm{d}\Gamma \end{matrix} \right\}$。

因此，对于任意一个单元 e，则有

$$\left\{ \frac{\partial I}{\partial H} \right\}^e = [K]^e \{H\}^e + [S]^e \left\{ \frac{\partial H}{\partial t} \right\}^e + [P]^e \left\{ \frac{\partial H}{\partial t} \right\}^e + \{F\}^e \tag{4.21}$$

对所有的单元泛函进行微分求解，并且使其值为零，即可得出泛函对于节点水头进行微分之后的方程组：

$$\frac{\partial I}{\partial H_i} = \sum_e \frac{\partial I^e(H)}{\partial H_i} = 0, \quad i = 1, 2, \cdots, n \tag{4.22}$$

式中，n 为节点总数。

汇总式（4.21）和式（4.22），将方程写作矩阵的形式，则有

$$[K]\{H\} + [S]\left\{ \frac{\partial H}{\partial t} \right\} + [P]\left\{ \frac{\partial H}{\partial t} \right\} = \{F\} \tag{4.23}$$

式中，$\{F\}$ 为已知的常数项。

4）单元渗透矩阵的形成

根据式（4.23）可以得到单元的渗透矩阵，即

$$[K]^e = \begin{bmatrix} K_{11} & K_{12} & \cdots & K_{1M} \\ K_{21} & K_{22} & \cdots & K_{2M} \\ \vdots & \vdots & & \vdots \\ K_{M1} & K_{M2} & \cdots & K_{MM} \end{bmatrix} \qquad (4.24)$$

式中，M 为单元的节点数。

单元渗透矩阵中的各元素为

$$K_{ij} = \iiint_e \left(K_x \frac{\partial N_i}{\partial x} \frac{\partial N_j}{\partial x} + K_y \frac{\partial N_i}{\partial y} \frac{\partial N_j}{\partial y} + K_z \frac{\partial N_i}{\partial z} \frac{\partial N_j}{\partial z} \right) \mathrm{d}x\mathrm{d}y\mathrm{d}z \qquad (4.25)$$

以上均是在实际的单元上对整体坐标所进行的各种积分与微分，是能够利用积分变量以及复合函数的微分法则进行替换的，即在标准单元上对于局部坐标系进行积分与微分。

复合函数微分公式为

$$\begin{Bmatrix} \dfrac{\partial N_i}{\partial x} \\[2mm] \dfrac{\partial N_i}{\partial y} \\[2mm] \dfrac{\partial N_i}{\partial H_z} \end{Bmatrix} = [J]^{-1} \begin{Bmatrix} \dfrac{\partial N_i}{\partial \xi} \\[2mm] \dfrac{\partial N_i}{\partial \eta} \\[2mm] \dfrac{\partial N_i}{\partial \zeta} \end{Bmatrix} \qquad (4.26)$$

式中，$[J]$ 为雅可比矩阵。

$$[J] = \begin{bmatrix} \dfrac{\partial x}{\partial \xi} & \dfrac{\partial y}{\partial \xi} & \dfrac{\partial z}{\partial \xi} \\[2mm] \dfrac{\partial x}{\partial \eta} & \dfrac{\partial y}{\partial \eta} & \dfrac{\partial z}{\partial \eta} \\[2mm] \dfrac{\partial x}{\partial \zeta} & \dfrac{\partial y}{\partial \zeta} & \dfrac{\partial z}{\partial \zeta} \end{bmatrix} = \begin{bmatrix} \dfrac{\partial N_1}{\partial \xi} & \dfrac{\partial N_2}{\partial \xi} \cdots \dfrac{\partial N_M}{\partial \xi} \\[2mm] \dfrac{\partial N_1}{\partial \eta} & \dfrac{\partial N_2}{\partial \eta} \cdots \dfrac{\partial N_M}{\partial \eta} \\[2mm] \dfrac{\partial N_1}{\partial \zeta} & \dfrac{\partial N_2}{\partial \zeta} \cdots \dfrac{\partial N_M}{\partial \zeta} \end{bmatrix} \begin{Bmatrix} x_1 & y_1 & z_1 \\ x_2 & y_2 & z_2 \\ \vdots & \vdots & \vdots \\ x_M & y_M & z_M \end{Bmatrix} \qquad (4.27)$$

将式（4.24）～式（4.26）代入式（4.27），则有

$$K_{ij} = \int_{-1}^{1}\int_{-1}^{1}\int_{-1}^{1} \left(K_x \frac{\partial N_i}{\partial x} \frac{\partial N_j}{\partial x} + K_y \frac{\partial N_i}{\partial y} \frac{\partial N_j}{\partial y} + K_z K_y \frac{\partial N_i}{\partial z} \frac{\partial N_j}{\partial z} \right) |J| \mathrm{d}\xi\mathrm{d}\eta\mathrm{d}\zeta \qquad (4.28)$$

积分公式（4.28）较为复杂，因此利用高斯积分公式将式（4.28）化简成如下形式：

$$K_{ij} = \sum_{l=1}^{n}\sum_{m=1}^{n}\sum_{k=1}^{n} A_l A_m A_k \left(K_x \frac{\partial N_i}{\partial x} \frac{\partial N_j}{\partial x} + K_y \frac{\partial N_i}{\partial y} \frac{\partial N_j}{\partial y} + K_z K_y \frac{\partial N_i}{\partial z} \frac{\partial N_j}{\partial z} \right) |J|(\xi^l, \eta^m, \varsigma^k)$$

$$(4.29)$$

式中，A_l 为 l 方向的加权系数；A_m 为 m 方向的加权系数；A_k 为 k 方向的加权系数；n 为各个方向所取的积分点数；ξ^l、η^m、ς^k 为积分点的局部坐标。

渗流场单元的右端项列阵中各个元素的计算表达式为

$$F_i^e = \iiint_e W N_i \mathrm{d}\Omega + \iint_{\Gamma_2} f_2 N_i \mathrm{d}\Gamma$$

$$= \int_{-1}^{1}\int_{-1}^{1}\int_{-1}^{1} W N_i |J| \mathrm{d}\xi\mathrm{d}\eta\mathrm{d}\zeta + \int_{-1}^{1}\int_{-1}^{1} f_2 N_i |J'| \mathrm{d}\xi\mathrm{d}\eta \tag{4.30}$$

式中，W 为蒸发或者入渗的水量；f_2 为边界单位面积上流入空间的流量；J' 为退化成二维情形的雅可比矩阵。

5）总体渗透矩阵的形成

以上只对单元的渗透矩阵问题进行了解决，由式（4.30）可计算共有节点的所有单元所组成集合中的每个单元，之后进行累加，n 个节点都按此进行计算，则可得到 n 个方程：

$$[K]\{H\} = \{F\} \tag{4.31}$$

式中，$[K]$ 为合成的整体渗透矩阵；$\{H\}$ 为节点水头列阵。

$$K_{ij} = \sum_{j=1}^{m_i} K_{ij}^{e_i}; \quad \{H\} = \begin{Bmatrix} H_1 \\ H_2 \\ \vdots \\ H_n \\ H_{n+1} \\ \vdots \\ H_N \end{Bmatrix}; \quad F_i = \sum_{j=1}^{m_j} F_i^{e_j} \tag{4.32}$$

式中，m_i、m_j 为共有节点 i 和 j 的单元个数；N 为总的节点个数；n 为未知的水头节点个数。

实际上，总体渗透矩阵 $[K]$ 中的各个节点的相关节点并不是很多，因此它是个高度稀疏的矩阵，同时由于单元渗透矩阵具有对称性，因此 $[K]$ 也是对称矩阵。$\{F\}$ 是由 N 个元素所组成的节点列向量。结合边界条件的求解式（4.32）可直接得到采用节点的水头值表示的近似的稳定渗流场。

本节主要对渗流的基本理论和渗流分析有限元法的计算原理和实施步骤进行了介绍，这些为后面尾矿堆积坝渗流分析提供了理论依据。

4.2.2　渗流计算程序编辑

尾矿坝渗流规律为随时间变化的方程，如式（3.5）～式（3.7）。为避免手动重复利用软件设置相关渗透系数参数，本章利用 Fortran 语言将渗透系数随时间变化关系方程编入程序，用 ADINA 软件一次性实现各个时段的渗流计算。

1. ADINA 软件后处理命令编写

ADINA 软件可以对结构、流体、固体和与结构相互作用的流体流动等复杂问题进行有限元分析，是单机系统的程序。它具有强大的分析功能，在各个行业的工程仿真分析中被广泛地应用，其中包括航空航天、机械制造、土木建筑、材料加工、船舶、汽车、铁道、电子电器、石化、国防军工、能源科学研究等领域，是全球最流行的有限元分析程序之一，本节利用 ADINA 的 ADINA-Thermal 模块进行模型仿真计算。

ADINA 具有强大的后处理功能，为方便查看坝体内部渗流状态，利用 ADINA 命令编写了模型总水头云图和浸润面命令流。程序命令流见附录。

2. Fortran 语言程序编写

将渗透系数随时间变化关系方程式编入 Fortran 程序，利用 Fortran 语言的循环功能实现渗透系数从初始值开始，每隔一固定时间段 Δt 计算一次渗透系数值并调用一次 ADINA 进行计算，并利用事先编制好的后处理命令流保存每个时间段的总水头云图和浸润面图。程序命令流见附录。

4.2.3　栗西尾矿堆积坝渗流分析

1. 栗西尾矿堆积坝工程概况

栗西尾矿库位于秦岭山地南坡的低中山区，尾矿库建在三面环山的山沟中，区内地形切割较深，起伏较大，其标高在 1124～1635m。基底地层主要为震旦系（Z2）变质岩，地层古老，构造发育。由勘察资料可知，区内的地层为中元古界震旦系高山河组（Z2）变石英岩、薄层硅质板岩、厚层硅质板岩、硅质（条带）灰岩，第四系上更新统（Q3el-dl）残-坡积层，近代人工堆积-冲积（Qml-dl）的尾矿层和人工堆积（Qml）层。

库区主要可划为五类土：①中砂：其上部呈灰黄色，松散-稍密状态，稍湿-湿，其中下部呈灰褐和深灰色，湿-饱和，稍密-中度密实状态。其成分主要是长石、石英、角闪石，砂粒是匀粒结构，呈棱角状。含有少量的黄铁矿和云母片，夹少量尾粗砂、尾细砂、尾粉砂及尾粉土，有薄层黏性土夹在其中，呈千层饼状。本层呈厚层状分布。②尾粗砂：深灰色，稍密-中密，湿-饱和，成分以长石、石英、角闪石为主，砂粒亦是匀粒结构并呈棱角状。见厚度约为 2.0m 的少量云母片及磁铁矿。产状呈小透镜体，规模小。③尾细砂：灰褐-深灰色，湿-饱和，稍密-中密状态，其成分主要是石英、角闪石和长石，砂粒是匀粒结构并且呈棱角状。

含有少量的暗色矿物和云母片。呈透镜、似层状分布。④尾粉砂：灰褐-深灰色，饱和，稍密-中度密实状态，其主要成分也是石英、角闪石和长石，砂粒是呈棱角状的匀粒结构。并含有少量的暗色矿物和云母片。并夹有少量的尾粉土和尾细砂，有薄层黏性土夹在其中，呈千层饼状。本层呈厚层状分布。⑤尾粉土：灰褐-深灰色，湿，中密-密实状态，主要成分是长石和石英以及少量的云母片，并且夹有少量尾粉砂及尾粉质黏土。⑥尾粉质黏土：灰褐-深灰色，呈现出流塑、软塑-可塑状态，含有少量的白云母并夹有少量的尾粉土。

栗西尾矿库 1983 年正式投产运行，采用放矿管分段分散放矿，主管设在子坝坝顶。在主管上每隔一定距离设置一条放矿管，平均升高 3.6m 时便形成一道子坝。堆积尾矿沉积规律受原矿性质、粒度、矿浆浓度和排放形式控制，沉积尾矿宏观上上粗下细，坝前粗、向库区逐渐变细，其特点是西粗东细。在沉积尾矿的垂直方向上分布着粗细相间的千层饼结构、互层以及夹层。

尾中砂主要分布在坝外坡及滩面的上部，层厚 10.0～63.0m，其厚度由库外向库内逐步变薄或尖灭。经常伴有尾细砂和尾粉砂的夹层，并且夹有少量呈千层饼状的薄层尾粉质黏土，该层分布呈厚层状并且稳定性良好。尾细砂一般是分布在尾中砂中的，大多数呈透镜状或似层状分布，层厚 2.0～6.0m，其并没有形成稳定的层位，连续性较差。尾粉砂主要分布在呈厚层状的尾中砂以下，厚 10.0～64.0m。在它的下部经常会夹有薄层尾粉土和尾粉质黏土，分布呈厚层状，其厚度由外向库内逐渐增加，稳定性良好。尾粉土主要分布在尾粉砂下部的库底及凹形山洼处，经常同尾粉质黏土形成互层，并向库内延伸使得其厚度逐渐增大；尾粉质黏土主要分布于库底的凹形山沟中，厚度为 5.0～10.0m，向库内延伸使得其厚度逐渐增加。

2. 有限元分析模型

本书利用有限元软件 ADINA 进行栗西尾矿坝模型建立和渗流计算分析，采用 parasolid 建模方法建立模型（图 4.13）。图 4.13 中左边为模型下游，右边为模型上游。模型左右由两部分组成，下游先建立初期坝，初期坝之后为逐层堆积的尾矿矿砂。

图 4.13　栗西尾矿坝模型图

　　根据栗西尾矿坝勘察资料，库区堆积尾矿可分为尾中砂、尾细砂、尾粉砂、尾粉土、尾粉质黏土五种土。但尾矿坝的沉积体范围内主要土层为尾中砂和尾粉砂，其连续厚度分别达到 10.0～63.0m 和 10.0～64.0m。

　　故将栗西尾矿坝由上至下分为两层，其上部为尾中砂，下部为尾粉砂，其他土层范围和厚度较小，故分开统计的意义不大。又根据这两层厚度基本相同的特点，本书将栗西尾矿坝模型按照 1∶1 的比例分为上下两层，上部为尾中砂，下部为尾粉砂。

　　目前栗西尾矿坝已经建立使用辐射排水井 15 口，辐射排水井垂直井深 15m，每口井内布设两层水平滤水孔和 1～2 个水平导水孔，水平孔长度均为 60m，水平滤水孔每层 8～9 个，呈扇形分布，两孔间夹角 20°～25°（张元瑞等，2004）。栗西尾矿坝辐射排水井井深 8.5～9m，上下两排水平孔间距 2～2.5m，开孔率 15%，坡比 3%，贯入长度 60m（贺金刚等，2007）。

　　由于化学淤堵发生在尾矿坝体中与空气接触的地方，辐射排水井中的竖直井直通坝顶直接接触空气，而布设于坝体内部的水平排水孔则不直接接触空气。因此本书将坝体中的辐射排水井简化为一竖直井，利用在竖直井内设置定水头的定水头法进行井的模拟，并设井周 1m 范围内为淤堵区域（以下简称淤堵区），坝体其余部位均不产生淤堵。

　　模型网格划分采用自由网格剖分，所有单元划分为四面体单元，如图 4.14 所示。

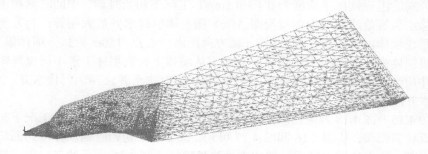

图 4.14　栗西尾矿坝网格剖分图

3. 模型参数

　　如前文所述，栗西尾矿坝模型共分为初期坝、上层尾矿砂（尾中砂）、下层尾矿砂（尾粉砂）、淤堵区 4 个部分。其中初期坝为透水坝，根据栗西尾矿坝地质勘查资料，上层尾中砂及下层尾粉砂模型参数见表 4.3。

　　辐射排水井井周的淤堵区域渗透系数由于化学淤堵的发生将随时间的变化而变化，变化规律为本书 3.3 节中化学淤堵试验所得试验结果的拟合关系，见式（3.5）～式（3.7），其余部位渗透系数不发生变化。

表 4.3　栗西尾矿坝两种不同砂层的物理特性

分类	干密度/（g/cm³）	渗透系数/（m/s）
尾中砂（上层）	1.52	1.07×10^{-3}
尾粉砂（下层）	1.51	6.25×10^{-4}

4. 渗流计算结果

为了能更好地查看分析结果，利用 ADINA 软件的切面功能，将模型沿着坝轴线方向切成一纵剖面，在纵剖面图上可以清楚地看到浸润线上升情况。且由于本书建立的栗西尾矿坝模型呈现窄而长的分布趋势，不易比较尾矿坝纵剖面图中的浸润线位置的高低，因此将尾矿坝纵剖面浸润线图局部放大。在放大的尾矿坝纵剖面图上可以清楚的比较浸润线位置。

在计算过程中，对尾矿坝化学淤堵的 3 种工况分别进行计算分析。每种工况选择试验中的初始时刻、中间时刻和末尾时刻进行渗流计算和对比。

1）亚铁离子浓度为 0.4～0.5mg/L 工况下结果分析

首先计算初始时刻，即辐射排水井同坝体渗透系数一致时（K_0 =1.07×10⁻⁵m/s）的渗流情况。其次计算中间时刻即 66h 后的渗流情况，此时渗透系数减小为 $K_{t0.5}$=6.8×10⁻⁶m/s，降低至初始时刻的 64%。最后计算末尾时刻即 132h 后的渗流，此时渗透系数 K_{t1}=4.4×10⁻⁶m/s，降低至初始时刻的 41%。

分别给出亚铁离子浓度为 0.4～0.5mg/L 工况下初始时刻、中间时刻和末尾时刻的总水头等值线图、坝体浸润面（线）图及辐射排水井放大图等。为方便查看浸润面在坝体内部的变化趋势，在 z 轴方向距离中心点−180m 处做一坝体纵剖面，以观察坝体内部浸润线变化趋势。为观察从坝体上游到坝体下游不同位置辐射排水井井周渗流状态的变化情况，本书选择 4#辐射排水井、7#辐射排水井、12#辐射排水井浸润线图进行放大。

图 4.15～图 4.18 为栗西尾矿坝在亚铁离子浓度为 0.4～0.5mg/L 工况下初始时刻渗流计算结果。从图 4.16 和图 4.17 可知，该工况下初始时刻坝体浸润面均位于坝体内部，无水体溢出坝面，坝体未受渗流破坏。图 4.18 所示的三口辐射排水井放大图所示的浸润线均位于井底以下。即初始时刻未发生化学淤堵的情况下，坝体渗流场处于渗流稳定状态。

图 4.19～图 4.22 为亚铁离子浓度为 0.4～0.5mg/L 工况下中间时刻（即 66h 后）渗流计算结果。从图 4.19 坝体总水头等值线图可知，此时总水头值总体向下游移动，即同一地点坝体总水头值较初始时刻升高。图 4.20 和图 4.21 所示的坝体浸润面和纵剖面坝体浸润线伸出坝面，即此时水体已溢出坝面，坝体发生渗流破坏。由图 4.22 中三口辐射排水井放大图可知，渗流已到达井中心稍上位置，降水井已起到降水作用，但由于淤堵情况的发生，辐射排水井仅能起到部分作用，已不能防止坝体发生渗流破坏。

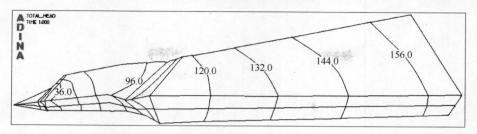

图 4.15　亚铁离子浓度为 0.4～0.5mg/L 工况下总水头等值线图（初始时刻）

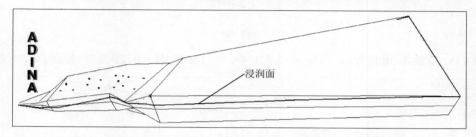

图 4.16　亚铁离子浓度为 0.4～0.5mg/L 工况下坝体浸润面图（初始时刻）

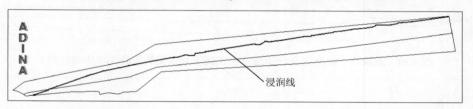

图 4.17　亚铁离子浓度为 0.4～0.5mg/L 工况下坝体纵剖面浸润线图（初始时刻）

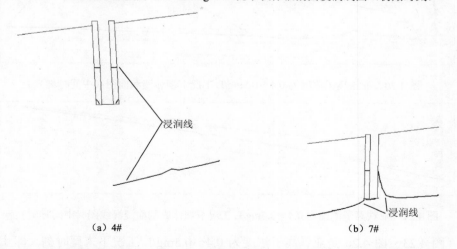

（a）4#　　　　　　　　　　　　　　　　（b）7#

图 4.18　亚铁离子浓度为 0.4～0.5mg/L 工况下 4#、7#、12#辐射排水井浸润线图（初始时刻）

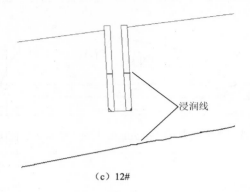

（c）12#

图 4.18　亚铁离子浓度为 0.4～0.5mg/L 工况下 4#、7#、12#辐射排水井浸润线图（初始时刻）（续）

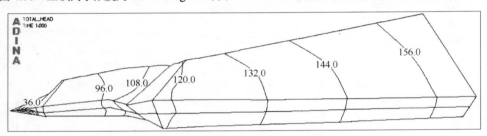

图 4.19　亚铁离子浓度为 0.4～0.5mg/L 工况下总水头等值线图（中间时刻）

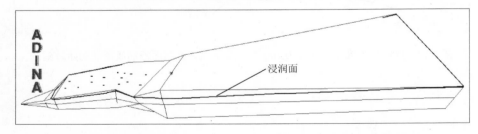

图 4.20　亚铁离子浓度为 0.4～0.5mg/L 工况下坝体浸润面图（中间时刻）

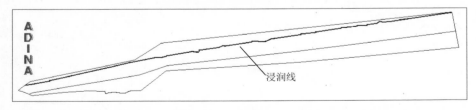

图 4.21　亚铁离子浓度为 0.4～0.5mg/L 工况下坝体纵剖面浸润线图（中间时刻）

　　图 4.23～图 4.26 是亚铁离子浓度为 0.4～0.5mg/L 工况下末尾时刻（即 132h 后）的渗流计算结果。图 4.23 总水头云图显示总水头值较中间时刻继续向下游移

动,图4.24和图4.25坝体浸润面图和坝体纵剖面浸润线图较中间时刻也有所上升,

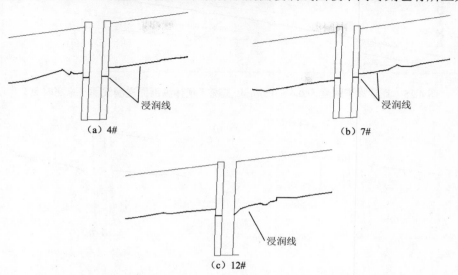

（a）4#　　　（b）7#

（c）12#

图 4.22　亚铁离子浓度为 0.4～0.5mg/L 工况下 4#、7#、12#辐射排水井浸润线图（中间时刻）

表明末尾时刻水体已溢出坝面且较中间时刻渗流破坏更加严重。图 4.26 中辐射排水井放大图浸润线已到达井上部位置,较中间时刻明显升高,表明随着淤堵的加重,辐射排水井的降水作用越来越小。

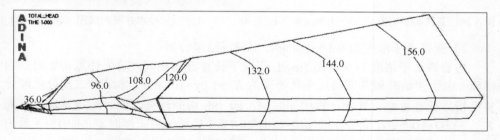

图 4.23　亚铁离子浓度为 0.4～0.5mg/L 工况下总水头等值线图（末尾时刻）

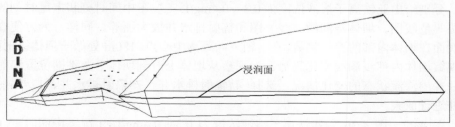

图 4.24　亚铁离子浓度为 0.4～0.5mg/L 工况下坝体浸润面图（末尾时刻）

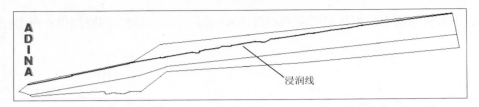

图 4.25　亚铁离子浓度为 0.4～0.5mg/L 工况下坝体纵剖面浸润线图（末尾时刻）

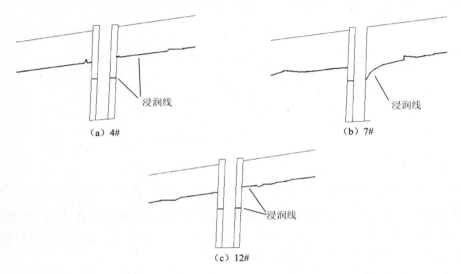

图 4.26　亚铁离子浓度为 0.4～0.5mg/L 工况下 4#、7#、12#辐射排水井浸润线图（末尾时刻）

2）亚铁离子浓度为 0.3～0.4mg/L 工况下结果分析

与亚铁离子浓度为 0.4～0.5mg/L 工况下计算过程相同，首先计算初始时刻的渗流。由于初始时刻井周渗透系数不变为 $K_0 = 1.07 \times 10^{-5}$ m/s，本节第二部分已经计算分析，此处省略。其次计算中间时刻，即 78h 后的渗流，此时渗透系数减小为 $K_{t0.5} = 3.07 \times 10^{-6}$ m/s，降低到初始时刻的 28.7%。最后计算末尾时刻，即 156h 后的渗流，此时渗透系数 $K_{t1} = 8.82 \times 10^{-7}$ m/s，降低至初始时刻的 8.2%。

分别给出亚铁离子溶液浓度为 0.3～0.4mg/L 工况下中间时刻和末尾时刻的总水头等值线图、坝体浸润面（线）图和辐射排水井放大图等。同样，为方便查看浸润面在坝体内部的变化趋势，在 z 轴方向距离中心点 -180m 处做一坝体纵剖面，以观察坝体内部浸润线变化趋势。为观察从坝体上游到坝体下游不同位置辐射排水井井周渗流状态的变化情况，选择 4#辐射排水井、7#辐射排水井、12#辐射排水井进行放大。

图 4.27～图 4.30 为亚铁离子溶液浓度为 0.3～0.4mg/L 工况下中间时刻（即

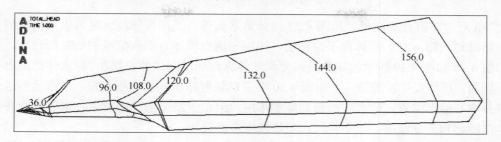

图 4.27　亚铁离子浓度为 0.3～0.4mg/L 工况下总水头等值线图（中间时刻）

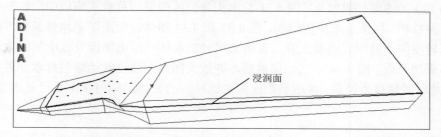

图 4.28　亚铁离子浓度为 0.3～0.4mg/L 工况下坝体浸润面图（中间时刻）

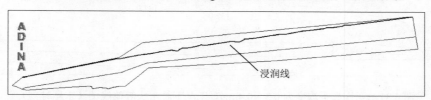

图 4.29　亚铁离子浓度为 0.3～0.4mg/L 工况下坝体纵剖面浸润面图（中间时刻）

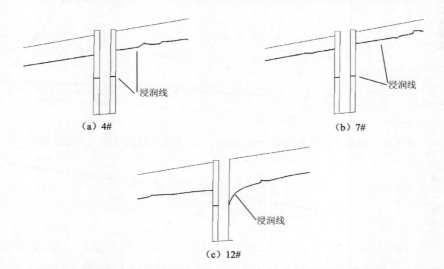

（a）4#　　　　　　　　　　　　　　　　（b）7#

（c）12#

图 4.30　亚铁离子浓度为 0.3～0.4mg/L 工况下 4#、7#、12#辐射排水井浸润面图（中间时刻）

78h 后）渗流计算结果。从图 4.27 坝体总水头等值线图可知，此时总水头值较初始时刻（图 4.15）总体向下游移动，即同一地点坝体总水头值较初始时刻升高。图 4.28 和图 4.29 所示的坝体浸润面和坝体纵剖面浸润线伸出坝面，即水体已溢出坝面，坝体发生渗流破坏。由图 4.30 中三口辐射排水井放大图可知，渗流已到达井中心偏上位置，降水井已起到降水作用，但由于淤堵情况的发生，辐射排水井仅能起到部分作用，已不能防止坝体发生渗流破坏。

　　图 4.31～图 4.34 是亚铁离子溶液浓度为 0.3～0.4mg/L 工况下末尾时刻（即156h 后）的渗流计算结果。图 4.31 总水头等值线图显示总水头值较中间时刻继续向下游移动，坝体总水头值增加，图 4.32 和 4.33 坝体浸润面图和坝体纵剖面浸润线图较前两个时刻大幅度上升，表明末尾时刻水体已溢出坝面且较中间时刻渗流破坏更加严重。图 4.34 中三口辐射排水井放大图浸润线已到达辐射排水井外部位置，此时淤堵极为严重，渗透系数仅为初始时刻的 8.2%，辐射排水井已基本失效。

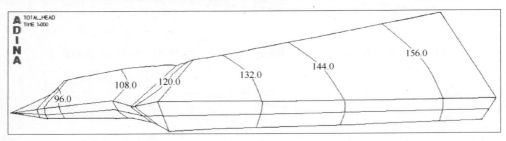

图 4.31　亚铁离子浓度为 0.3～0.4mg/L 工况下总水头等值线图（末尾时刻）

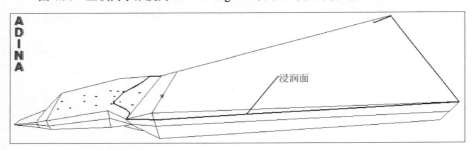

图 4.32　亚铁离子浓度为 0.3～0.4mg/L 工况下坝体浸润面图（末尾时刻）

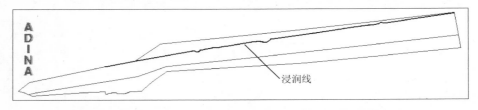

图 4.33　亚铁离子浓度为 0.3～0.4mg/L 工况下坝体纵剖面浸润线图（末尾时刻）

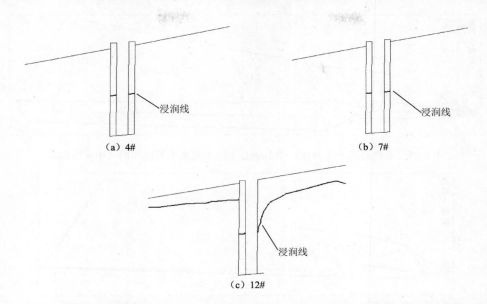

（a）4#　　　　　　　　　　　　　　　　　　　（b）7#

（c）12#

图 4.34　亚铁离子溶液浓度为 0.3～0.4mg/L 工况下 4#、7#、12#辐射排水井浸润线图（末尾时刻）

　　3）亚铁离子浓度为 0.2～0.3mg/L 工况下结果分析

　　与亚铁离子溶液浓度为 0.3～0.4mg/L 工况下计算过程相同，先计算初始时刻。由于初始时刻井周渗透系数不变（为 K_0=1.07×10^{-5}m/s），此处不再计算。其次计算中间时刻，即 66h 后的渗流，此时渗透系数减小为 $K_{t0.5}$=7.9×10^{-6}m/s，降低到初始时刻的 74%。最后计算末尾时刻，即 132h 后的渗流，此时渗透系数 K_{t1}=5.9×10^{-6}m/s，降至初始时刻的 55.1%。

　　分别给出亚铁离子浓度为 0.2～0.3mg/L 工况下中间时刻和末尾时刻的总水头等值线图、坝体浸润面（线）图和辐射排水井放大图等。同样，为方便查看浸润面在坝体内部的变化趋势，在 z 轴方向距离中心点-180m 处做一坝体纵剖面，以观察坝体内部浸润线变化趋势。为观察从坝体上游到坝体下游不同位置辐射排水井井周渗流状态的变化情况，选择 4#辐射排水井、7#辐射排水井、12#辐射排水井进行放大。

　　图 4.35～图 4.38 为亚铁离子溶液浓度为 0.2～0.3mg/L 工况下中间时刻（即 66h 后）渗流计算结果。从图 4.35 坝体总水头等值线图可知，此时总水头值较初始时刻（图 4.15）总体向下游移动，即同一地点坝体总水头值较初始时刻升高。图 4.36 和图 4.37 所示的坝体浸润面和坝体纵剖面浸润线伸出坝面，即水体已溢出坝面，坝体发生渗流破坏。由图 4.38 中三口辐射排水井放大图可知，渗流已到达井中心位置，降水井已起到降水作用，但由于淤堵情况的发生，辐射排水井仅能起到部分作用，已不能防止坝体发生渗流破坏。

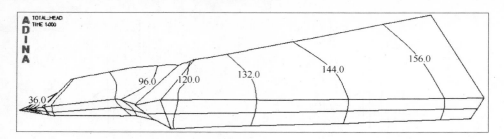

图 4.35　亚铁离子浓度为 0.2～0.3mg/L 工况下总水头等值线图（中间时刻）

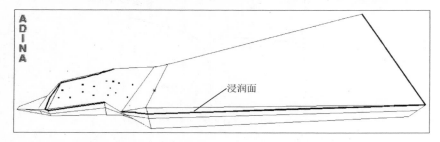

图 4.36　亚铁离子浓度为 0.2～0.3mg/L 工况下坝体浸润面图（中间时刻）

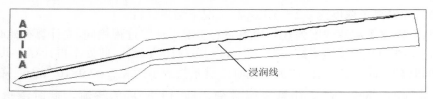

图 4.37　亚铁离子浓度为 0.2～0.3mg/L 工况下坝体纵剖面浸润线图（中间时刻）

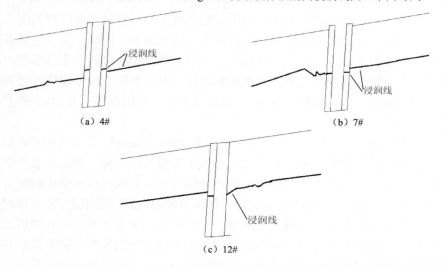

（a）4#　　　　　　　　　　　　　　　（b）7#

（c）12#

图 4.38　亚铁离子浓度为 0.2～0.3mg/L 工况下 4#、7#、12#辐射排水井浸润线图（中间时刻）

　　图 4.39～图 4.42 为亚铁离子溶液浓度 0.2～0.3mg/L 工况下末尾时刻(即 132h 后)的渗流计算结果。总水头等值线(图 4.39)显示总水头值较中间时刻继续向下游移动，坝体总水头值增加，坝体浸润面图和坝体纵剖面浸润线图(图 4.40 和图 4.41)较前两个时刻有所上升，但较中间时刻上升不是很大，表明末尾时刻水体已溢出坝面但较中间时刻渗流破坏差别不大。图 4.42 中三口辐射排水井放大图浸润线已到达辐射排水井中心偏上位置，此时淤堵较中间时刻稍加严重，辐射排水井仍处于工作状态。

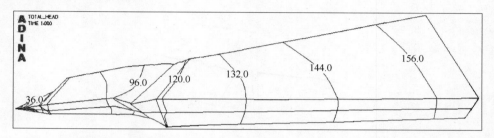

图 4.39　亚铁离子浓度为 0.2～0.3mg/L 工况下总水头等值线图（末尾时刻）

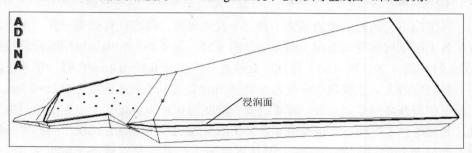

图 4.40　亚铁离子浓度为 0.2～0.3 mg/L 工况下坝体浸润面图（末尾时刻）

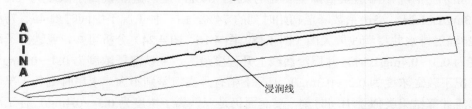

图 4.41　亚铁离子浓度为 0.2～0.3mg/L 工况下坝体纵剖面浸润线图（末尾时刻）

　　4）三种淤堵工况下的结果对比分析

　　通过分别对栗西尾矿坝在三种不同浓度的亚铁离子溶液下的化学淤堵进行有限元计算分析，得出了各工况下初始时刻、中间时刻和末尾时刻的坝体总水头等值线图、坝体浸润面图、坝体纵剖面浸润线图和 4#、7#、12#辐射排水井的放大图。随着时间的增加，各工况下坝体总水头值增加，浸润面升高，到中间时刻时坝体均已发生渗流破坏。下面对同一时刻不同工况渗流分析结果进行对比。

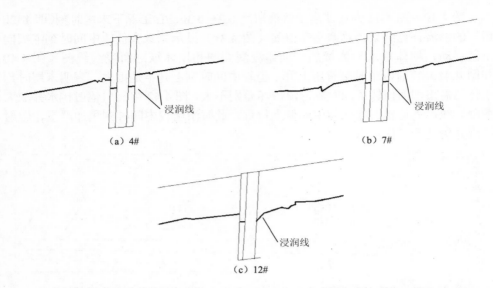

图 4.42　亚铁离子浓度为 0.2～0.3mg/L 工况下 4#、7#、12#辐射排水井浸润线图（末尾时刻）

各工况下初始时刻渗透系数一致，不发生淤堵，渗流计算结果一致。由中间时刻各工况下坝体浸润面图（图 4.20、图 4.28、图 4.36）和坝体纵剖面浸润线图（图 4.21、图 4.29、图 4.37）可知，亚铁离子浓度为 0.3～0.4mg/L 时，坝体浸润面上升程度最大，亚铁离子浓度为 0.4～0.5mg/L 工况下较之浓度为 0.2～0.3mg/L 工况下稍有升高但差别不大，即亚铁离子浓度为 0.3～0.4mg/L 工况下淤堵最为严重，其他两种工况相近。试验中亚铁离子浓度为 0.3～0.4mg/L 工况下中间时刻渗透系数降至初始时刻的 28.7%，淤堵程度最大，其次是亚铁离子浓度为 0.4～0.5mg/L 工况，渗透系数降至初始时刻的 64%，最后是亚铁离子浓度为 0.2～0.3mg/L 工况，渗透系数降至初始时刻的 74%。由三种工况下中间时刻 4#、7#和 12#辐射排水井浸润线放大图（图 4.18、图 4.16、图 4.24）分析可知，亚铁离子浓度为 0.3～0.4mg/L 时，井周浸润线上升程度最大，亚铁离子浓度为 0.4～0.5mg/L 工况下较之浓度为 0.2～0.3mg/L 工况下稍有升高但差别不大。末尾时刻各工况下渗流计算结果类似于中间时刻，浸润面仍是亚铁离子浓度为 0.3～0.4mg/L 各工况下上升最高，此时浸润线已到达辐射排水井上部，辐射排水井基本失效，其次是亚铁离子浓度为 0.4～0.5mg/L 工况，最后是亚铁离子浓度为 0.2～0.3mg/L 工况，到末尾时刻三种工况渗透系数分别降至初始时刻的 8.2%，41%和 55.1%。

总之，以上各工况渗流场模拟结果中浸润面均有所升高，出现了不同程度的淤堵，时间过半后水流溢出坝面，坝体发生渗流破坏。其中 Fe^{2+} 浓度为 0.3～0.4mg/L 工况下浸润面上升程度最为严重，其次是 0.4～0.5mg/L 工况，0.2～

0.3mg/L 工况下淤堵程度最小。经分析,数值模拟与第 3 章室内化学淤堵试验的结果基本一致,化学淤堵将会改变辐射排水井周围的渗流场及尾矿砂渗透系数,影响尾矿库的安全运行(许增光等,2016;杨雪敏,2016)。

尾矿坝作为矿业生产的一个重要部分,其安全严重影响到人民的生命财产安全。因此,对尾矿坝的安全稳定性进行研究是十分必要的。本节以栗西尾矿坝为例,以室外调研和室内砂柱试验为基础,借助 ADINA 软件,建立尾矿坝数值模型,分析了亚铁离子浓度为 0.4~0.5mg/L、0.3~0.4mg/L、0.2~0.3mg/L 三种工况下在不同时间点的不同渗透系数下尾矿坝渗流场的变化。分析结果表明,各种工况下水流均溢出坝面,坝体产生渗流破坏。该研究对今后进一步分析尾矿坝化学淤堵及适时采取防治措施具有一定的参考价值。

4.3 本 章 小 结

采用 MODFLOW 进行考虑化学淤堵作用的尾矿堆积坝渗流场分析结果表明:辐射排水井竖井发生化学淤堵后,45 天后的出水量下降 10%~15%,而普通竖井降幅达 30%左右。化学淤堵将导致辐射排水井周围含水层水位上升,给相关工程带来一定的安全隐患。

采用 ADINA 软件进行考虑化学淤堵作用的尾矿堆积坝渗流场分析结果表明:在三种不同亚铁离子溶液浓度工况下,不同时间点,不同渗透系数下,坝体浸润面均有所升高,出现了不同程度的淤堵,均产生渗流破坏。

由此可见,基于现有渗流场计算程序(如 MODFLOW、ADINA)的二次开发来分析尾矿库化学淤堵作用下的地下水位变化规律是一种有效的方法。但是计算结果有一定差别,主要是因为二者室内试验的工况不同,致使所得渗透系数随时间的变化规律不一致。因此,进行更加系统的化学淤堵试验,获取具有普适性的渗透系数变化规律则显得尤为重要,也是下一步工作的重点。

参 考 文 献

贺金刚, 郭振世, 2007. 金堆城栗西尾矿坝坝体渗流的原因及其治理[J]. 矿业研究与开发, 4(27): 73-75.

武君, 2008. 尾矿坝化学淤堵机理与过程模拟研究[D]. 上海: 上海交通大学博士学位论文.

仵彦卿, 2009. 岩土水力学[M]. 北京: 科学出版社, 264-269.

许增光, 杨雪敏, 柴军瑞, 2016. 考虑化学淤堵作用的尾矿砂渗透系数变化规律研究[J]. 水文地质工程地质, 43(4): 26-42.

杨雪敏, 2016. 考虑物理和化学淤堵的尾矿坝渗流试验研究及数值分析[D]. 西安: 西安理工大学硕士学位论文.

张元瑞, 吴宜明, 2004. 辐射井排渗在栗西尾矿坝的应用[R]. 安徽地质, 14(3): 217-219.

HARBAUGH A W, 2005. The U.S. Geological Survey modular ground-water model—the Ground-Water Flow Process[R]. U.S. Geological Survey, Techniques and Methods 6-A16.

KONIKOW L F, HORNBERGER G Z, HALFORD K J, et al., 2009. Revised multi-node well (MNW2) package for MODFLOW ground-water flow model[J]. U.S. Geological Survey, Techniques and Methods 6-A30.

KONIKOW LEONARD F, HORNBERGER G Z, 2006. Use of the Multi-Node Well (MNW) Package when simulating solute transport with the MODFLOW Ground-Water transport process[R]. U.S. Geological Survey, Techniques and Methods 6-A15.

WU J, WU Y Q, LU J, 2008. Laboratory study of the clogging process and factors affecting clogging in a tailings dam[J]. Environmental Geology, 54(5): 1067-1074.

XU Z G, WU Y Q, WU J, et al., 2011. A model of seepage field in the tailings dam considering the chemical clogging process[J]. Advances in Engineering Software, 42: 426-434.

第5章　垃圾堆体渗流及稳定数值模拟

5.1　垃圾堆体渗流分析

5.1.1　垃圾堆体渗滤液分布分析

1. 渗滤液来源

垃圾渗滤液,又称渗沥液,是垃圾在堆放和填埋过程中由于压实、发酵等生物化学降解作用,同时在降水和地下水的渗流作用下产生的一种高浓度的有机或无机成分的液体。填埋场中渗滤液的来源主要为降水渗透作用、地表水作用、地下水作用、垃圾自身所含的水以及微生物降解作用产生的水。因此,影响垃圾渗滤液产量的因素很多,主要有垃圾堆放填埋区域的降雨情况、垃圾的性质与成分、填埋场的防渗处理情况、垃圾填埋的方式、场地的水文地质条件等。在北方一些寒冷的地区,渗滤液分布随着季节的更替变化非常明显。例如,每年冬季填埋场内产生的渗滤液几乎没有,而夏季尤其是发生暴雨时,填埋场内会有大量的渗滤液产生。因此,填埋场内产生的渗滤液具有非常明显的间断性,在一年内垃圾渗滤液的产量和水质都会有很大的变化。

2. 渗流分析理论

SEEP/W 是有限元分析软件 GEO-STUDIO 一个计算渗流的模块,该渗流计算软件和渗透试验的理论基础是达西定律,主要用于计算岩石或土壤渗流,然后将渗流计算的结果带入稳定计算模块 SLOPE/W,从而分析垃圾填埋场的边坡稳定性。因此,本书采用 SEEP/W 模块计算垃圾填埋场中渗滤液水位分布情况,并分析降雨强度、中间覆盖层厚度和层数对渗滤液水位的影响。

1) 达西定律

SEEP/W 的理论公式是基于土体渗流的达西定律,由于土的孔隙通道很小很曲折,所以在大多数情况下,水在土中的流速缓慢,属于层流。法国学者达西(Darcy)根据对砂的试验结果,发现在层流状态时,水的渗透速度与水力坡降成正比(GEO-SLOPE International Ltd., 2011),表达式为

$$q = ki \tag{5.1}$$

式中,q 为单位体积的流量,m/s;k 为土体渗透系数,m/s;i 为总水头梯度。

达西定律最初被用于饱和土分析，后来经过研究，发现它对于非饱和土的渗流情况仍然适用（Childs et al., 1950; Richards, 1931）。两者之间的区别在于饱和土体的渗透系数是不发生变化的，而非饱和土体的渗透系数随着土体的含水量改变发生变化，并且也随水压力的改变而改变。

达西定律通常可以写成下面的表达式：

$$v = ki \tag{5.2}$$

式中，v 为达西流速，m/s；k 为土体渗透系数，m/s；i 为总水头梯度。

实际情况下水流穿过土体的平均流速为线速度，其值等于达西流速除以土的孔隙率。在非饱和土中，其值为达西流速除以单位体积的含水量。SEEP/W 计算和显示的仅仅是达西流速。

2）渗流连续性方程

渗流的连续性方程是质量守恒定律在渗流中的具体应用，如图 5.1 所示。

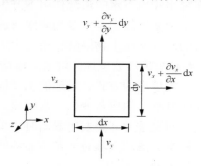

图 5.1　土体微分单元的二维渗流图

从渗流场中取微分单元，面积为 $\mathrm{d}x\mathrm{d}y$。v_x、v_y 分别为渗流沿 x 轴和 y 轴方向的渗流分速度，则单位时间流入该单元的水量为

$$v_x\mathrm{d}y + v_y\mathrm{d}x \tag{5.3}$$

单位时间流出该单元体的水量为

$$\left(v_x + \frac{\partial v_x}{\partial x}\mathrm{d}x\right)\mathrm{d}y + \left(v_y + \frac{\partial v_y}{\partial y}\mathrm{d}y\right)\mathrm{d}x \tag{5.4}$$

对于稳态渗流情况，假定流体不可压缩且渗流过程中土壤的孔隙保持不变，则单位时间内流入和流出单元体的水量相等，即

$$v_x\mathrm{d}y + v_y\mathrm{d}x = \left(v_x + \frac{\partial v_x}{\partial x}\mathrm{d}x\right)\mathrm{d}y + \left(v_y + \frac{\partial v_y}{\partial y}\mathrm{d}y\right)\mathrm{d}y \tag{5.5}$$

简化得渗流的连续方程：

$$\frac{\partial v_x}{\partial x} + \frac{\partial v_y}{\partial y} = 0 \tag{5.6}$$

3）渗流微分方程

二维渗流的一般控制微分方程可表达为

$$\frac{\partial}{\partial x}\left(k_x \frac{\partial H}{\partial x}\right)+\frac{\partial}{\partial y}\left(k_y \frac{\partial H}{\partial y}\right)+Q=\frac{\partial \theta}{\partial t} \tag{5.7}$$

式中，H 为总水头；k_x 为 x 方向上土体单元的渗透系数；k_y 为 y 方向上土体单元的渗透系数；Q 为施加在单元上的流量条件；θ 为单位土体体积的含水量；t 为时间。

该方程式表明，在一定的时间内，某一点流体流出和流入土体单元流量的差值为土体单元储水量的变化值，说明 x 方向和 y 方向外部施加通量和的改变率等于单位土体体积含水量的变化率。

本书研究的是饱和垃圾体的稳定渗流情况，对于稳态渗流情况，流体在土体单元内流出和流入的流量在任何的时间都相同，所以方程的右端变为 0。因此，稳态渗流的方程为

$$\frac{\partial}{\partial x}\left(k_x \frac{\partial H}{\partial x}\right)+\frac{\partial}{\partial y}\left(k_y \frac{\partial H}{\partial y}\right)+Q=0 \tag{5.8}$$

4）渗流有限元方程

渗流有限元方程的简化形式可以表达为

$$[K]\{H\}+[M]\frac{\partial \{H\}}{\partial t}=\{Q\} \tag{5.9}$$

式中，$[K]$ 为单元的特征矩阵；$[M]$ 为单元的质量矩阵；$\{H\}$ 为每个节点的水头向量；$\{Q\}$ 为每个单元上的流量矢量；t 为时间。

式（5.9）为瞬态情况下有限元渗流分析的方程表达式。在稳态分析中，水头不随时间的变化而变化，$\frac{\partial \{H\}}{\partial t}$ 这一项等于 0。因此，有限元渗流方程可以简化为

$$[K]\{H\}=\{Q\} \tag{5.10}$$

该式即为达西定律的简化有限元形式。

3. 垃圾堆体渗滤液水位分析

1）降雨强度对渗滤液分布的影响

填埋场中的渗滤液主要来源于降雨入渗，降雨强度的大小直接影响填埋场上层垃圾的水位情况。建立的二维渗流计算模型，分为上部垃圾层、下部垃圾层、中间覆盖层和地基四个区域，覆盖层采用四节点矩形网格单元，其余区域为四边形和三角形混合单元，整个模型共划分 1049 个节点和 1013 个单元，网格剖分情况如图 5.2 所示。地基渗透系数取 1.0×10^{-7} m/s，垃圾饱和渗透系数按表层垃圾取 6.0×10^{-5} m/s，覆盖层厚度为 50cm，渗透系数为 1.0×10^{-9} m/s，分别计算不同降雨

强度 f_i 作用下填埋场渗滤液分布情况。由于所取模型范围小，因此不在边坡处加载，仅对顶部加降雨荷载，更能反映填埋场内部渗滤液的分布情况。

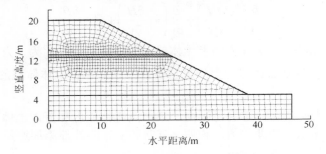

图 5.2　网格剖分模型

　　不同降雨强度下的垃圾堆体渗滤液水位计算结果见图 5.3～图 5.8。可以看出，上层垃圾渗滤液水位随降雨强度的增大变化较大，并且除了渗入下层垃圾的渗滤液外，其余渗滤液从垃圾底部的边坡处溢出。从表 5.1 和图 5.9 可以看出，随着降雨强度的增大，上层垃圾的渗滤液水位逐渐升高直至垃圾层顶部，由于覆盖层渗透性的制约，下层水位基本不变。

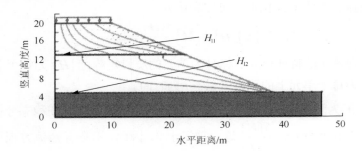

图 5.3　降雨强度为 1.0×10^{-7} m/s 时垃圾堆体渗滤液水位分析

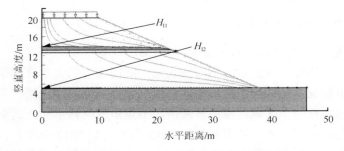

图 5.4　降雨强度为 5.0×10^{-7} m/s 时垃圾堆体渗滤液水位分析

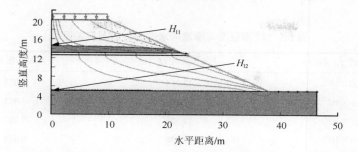

图 5.5　降雨强度为 $1.0×10^{-6}$m/s 时垃圾堆体渗滤液水位分析

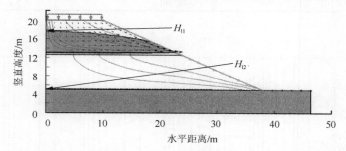

图 5.6　降雨强度为 $5.0×10^{-6}$m/s 时垃圾堆体渗滤液水位分析

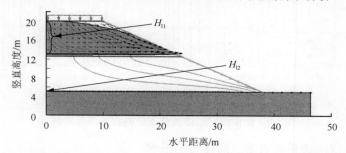

图 5.7　降雨强度为 $1.0×10^{-5}$m/s 时垃圾堆体渗滤液水位分析

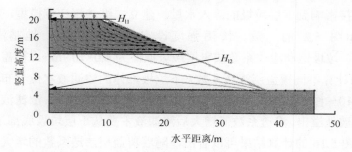

图 5.8　降雨强度为 $5.0×10^{-5}$m/s 时垃圾堆体渗滤液水位分析

表 5.1　降雨强度与渗滤液水位高程的对应关系表

降雨强度 f / (m/s)	上水位高程 H_{l1} / m	下水位高程 H_{l2} / m
1.0×10^{-7}	13.264	5.073
5.0×10^{-7}	13.880	5.071
1.0×10^{-6}	14.525	5.081
5.0×10^{-6}	17.630	5.093
1.0×10^{-5}	20.000	5.110
5.0×10^{-5}	20.000	5.102

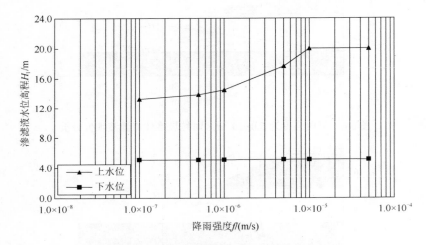

图 5.9　降雨强度与渗滤液水位高程的关系曲线

2）覆盖层渗透系数对渗滤液分布的影响

　　填埋一定厚度的垃圾后，需要在上部覆盖一层渗透系数较小的黏土，渗透系数的大小直接影响到下层垃圾的渗入水量。建立二维渗流计算模型，模型及网格剖分情况和图 5.2 的一致，降雨强度设定为 5×10^{-7} m/s，地基渗透系数取 1.0×10^{-7} m/s，垃圾饱和渗透系数按表层垃圾取值为 6.0×10^{-5} m/s，覆盖层厚度取为 50cm，分别计算不同覆盖层渗透系数 k 下垃圾堆体的渗滤液水位分布情况。

　　从图 5.10～图 5.15 可以看出，当覆盖层渗透系数较小时，渗滤液主要从上层垃圾底部边坡处溢出，渗透系数值增大后渗滤液主要从下层垃圾底部边坡处溢出。从表 5.2 和图 5.16 的计算结果可以看出，随着覆盖层渗透系数的增大，上层垃圾的渗滤液水位逐渐降低，下层垃圾渗滤液水位逐渐升高。

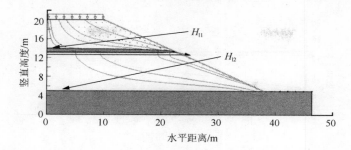

图 5.10 覆盖层渗透系数为 $1.0×10^{-10}$m/s 时垃圾堆体渗滤液水位分析

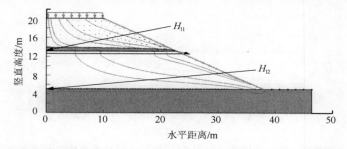

图 5.11 覆盖层渗透系数为 $5.0×10^{-10}$m/s 时垃圾堆体渗滤液水位分析

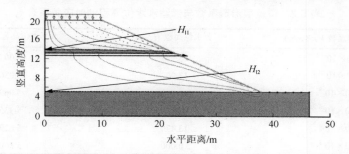

图 5.12 覆盖层渗透系数为 $1.0×10^{-9}$m/s 时垃圾堆体渗滤液水位分析

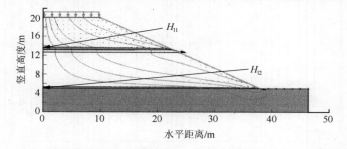

图 5.13 覆盖层渗透系数为 $5.0×10^{-9}$m/s 时垃圾堆体渗滤液水位分析

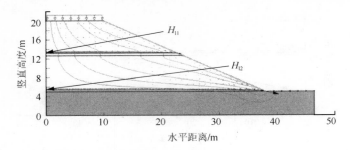

图 5.14　覆盖层渗透系数为 $1.0×10^{-8}$m/s 时垃圾堆体渗滤液水位分析

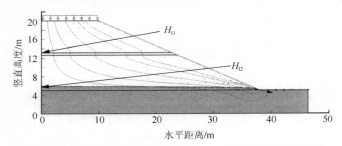

图 5.15　覆盖层渗透系数为 $5.0×10^{-8}$m/s 时垃圾堆体渗滤液水位分析

表 5.2　覆盖层渗透系数与渗滤液水位高程的对应关系表

覆盖层渗透系数 k /（m/s）	上水位高程 H_{l1} /m	下水位高程 H_{l2} /m
$1.0×10^{-10}$	13.937	5.007
$5.0×10^{-10}$	13.902	5.036
$1.0×10^{-9}$	13.876	5.069
$5.0×10^{-9}$	13.680	5.335
$1.0×10^{-8}$	13.470	5.619
$5.0×10^{-8}$	0.000	5.860

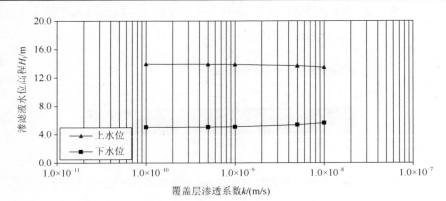

图 5.16　覆盖层渗透系数与渗滤液水位高程的关系曲线

3）覆盖层厚度对渗滤液分布的影响

除了覆盖层渗透系数外，它的厚度也影响了渗滤液向下层垃圾的入渗量。建立二维渗流计算模型，降雨强度设定为 $5×10^{-7}$m/s，地基渗透系数取 $1.0×10^{-7}$m/s，垃圾饱和渗透系数按表层垃圾取值为 $6.0×10^{-5}$m/s，覆盖层渗透系数取 $1.0×10^{-9}$m/s。分别计算当覆盖层厚度 T 取值为 0.25m、0.50m、0.75m 和 1.00m 时垃圾堆体渗滤液水位的分布情况。

图 5.17～图 5.20 为不同覆盖层厚度下渗滤液水位的计算结果，可以看出渗滤液水位随覆盖层厚度的增加变化不大，较覆盖层渗透系数影响小。表 5.3 和图 5.21 表明随着覆盖层厚度的增大，上层垃圾的渗滤液水位高度逐渐升高，下层垃圾渗滤液水位高度逐渐降低。

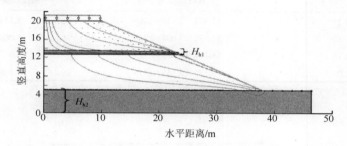

图 5.17　覆盖层厚度为 0.25m 时垃圾堆体渗滤液水位分析

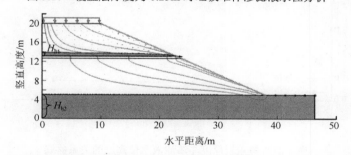

图 5.18　覆盖层厚度为 0.50m 时垃圾堆体渗滤液水位分析

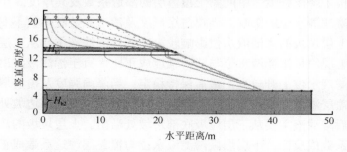

图 5.19　覆盖层厚度为 0.75m 时垃圾堆体渗滤液水位分析

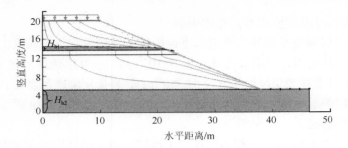

图 5.20　覆盖层厚度为 1.00m 时垃圾堆体渗滤液水位分析

表 5.3　覆盖层厚度与渗滤液水位高度的对应关系表

覆盖层厚度 T /m	上水位高度 H_{h1} /m	下水位高度 H_{h2} /m
0.25	13.503-12.838=0.665	5.139
0.50	13.850-13.098=0.752	5.068
0.75	14.114-13.335=0.779	5.047
1.00	14.394-13.559=0.835	5.038

注：上水位高度=滞水层顶部高程-滞水层底部高程。

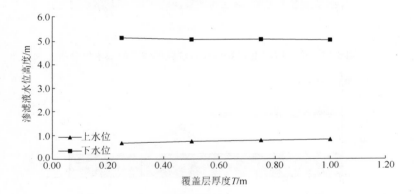

图 5.21　覆盖层厚度与渗滤液水位高度的关系曲线

　　本节分析了降雨强度、中间黏土覆盖层的渗透系数及其厚度 3 个因素对垃圾填埋堆体中渗滤液水位的影响。当覆盖层厚度及渗透系数等参数不变时，降雨强度对填埋场上层垃圾的渗滤液水位影响较大，并且渗滤液主要从上层垃圾底部边坡处溢出。上层垃圾渗滤液水位与降雨强度成正比，直至渗滤液溢出垃圾顶部，下层垃圾渗滤液水位上升较少，最后保持稳定；当降雨强度及覆盖层厚度等参数不变时，覆盖层渗透系数较小时，渗滤液主要从上层垃圾底部边坡处溢出，渗透系数值增大后渗滤液主要从下层垃圾底部边坡处溢出。上层垃圾的渗滤液水位与覆盖层渗透系数成反比，下层垃圾渗滤液水位与覆盖层渗透系数成正比；当降雨强度及覆盖层渗透系数等参数不变时，上层垃圾的渗滤液水位与覆盖层厚度成正比，下层垃圾渗滤液水位与覆盖层厚度成反比，并且水位变化范围较小。

5.1.2　江村沟垃圾堆体渗流分析

1. 西安江村沟气象及水文条件

西安市江村沟生活垃圾填埋场在西安市的东南方向，冬季寒冷、多雾、降水少；夏季炎热多降雨，多雷雨天气；春季温暖、干燥、气候多变；秋季凉爽多雨，气温速降。年降水量为 582.5～652.8mm，年平均气温为 13.5℃。附近的主要河流为浐河和灞河，起源于秦岭山区的较大支流，多年平均径流量分别为 1.7 亿 m³ 和 5.7 亿 m³，两河在填埋场区域北侧相交，再向北汇入渭河。填埋场整体呈 "U" 型，表现为地表水三面汇水一面泄水，地表水以沟塘为主，其中最大的池塘长约 65m，宽约 42m，勘察期间池塘水深 0.6～2.5m，据调查，该池塘常年有水，并且水位变化范围不大。其余沟塘大部分在丰水期蓄水，枯水期枯竭。

2. 垃圾填埋工艺

江村沟城市生活垃圾填埋场是国家 I 级山谷型垃圾填埋场，采取的填埋工艺是分区分层式坑填。1993 年建一期填埋工程，待填埋高度达到下游垃圾坝高时，在 1999 年开始填埋二期工程，继续向上填埋，2009 年开始三期填埋工程，随着生活垃圾产量的迅速增长，至 2015 年填埋场即将库满，对其进行扩建并设计新的填埋场。一个填埋单元施工过程是：倾倒一个单元的垃圾、整理并压实一个单元、覆盖 30cm 的黄土进行压实、封闭一个单元垃圾。施工过程必须确保有序进行，从而最大限度地减少和缩短垃圾进场后的暴露时间和面积，并在库区终端设置防飞散网，把污染降低到最低限度，从而确保垃圾填埋过程无堆积残留，保证西安市生活垃圾的正常倾倒和卫生填埋。

3. 渗流分析

1）计算模型与材料参数

采用 GEO-STUDIO 软件的 SEEP/W 模块计算该垃圾填埋场的渗流场，分析渗滤液水位的分布情况。在考虑垃圾分层填埋技术的作用下，建立西安江村沟垃圾填埋场稳定渗流计算模型。顺河谷方向选取填埋场的最大剖面[图 2.14（1-1 剖面）]作为研究对象，建立二维渗流计算模型（图 5.22）。根据填埋方式，填埋场整体分为地基、垃圾坝和垃圾堆体 3 个区域，地基层取至距离填埋场底部 40m 的不透水层，垃圾堆体被划分为 8 层，从底部到顶部依次为 1～8 层，每层垃圾的平均厚度约为 10m，第 1 层紧挨着垃圾坝，第 8 层在填埋场的最顶部。每填埋一层垃圾后上部覆盖一层 30cm 厚渗透系数较小的黄土，目的是减少填埋期间对填埋场附近环境的污染和减小填埋期间的降雨入渗量。图 5.23 为填埋场最大剖面网格剖分情况，由于填埋场分层较为复杂，因此采用四边形和三角形混合的网格剖分法，其中地基和下游垃圾坝网格长度取为 6m，垃圾堆体部分的网格长度取为 2m，共划分 23 700 个节点，23 769 个单元。

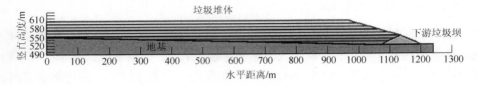

图 5.22　填埋场最大剖面二维渗流计算模型

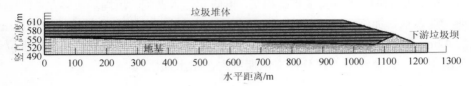

图 5.23　填埋场最大剖面网格剖分模型

根据前文试验得到的数据（图 3.26 和图 3.29 中西安江村沟垃圾填埋场的数据）确定各垃圾层的重度和饱和渗透系数，垃圾坝采用当地的黄土铺筑碾压而成。根据土工试验的结果，地基和覆盖层的渗透系数都取为 $1.0×10^{-7}$m/s，垃圾坝的渗透系数取为 $1.0×10^{-6}$m/s。

2）边界条件与计算工况

采用 SEEP/W 模块计算垃圾填埋场的渗流场，填埋场的地表水以附近的水塘为主，据统计西安市夏季月降水量约为 159.9mm，通过以上资料来确定填埋场的渗流边界条件。由于降雨作用使填埋场附近形成了多个水塘，水塘是渗滤液的来源之一并且对填埋场的稳定性不利。填埋场上游水塘的现状如图 5.24（a）所示，根据野外勘测资料可确定上游水位为 552m，下游水位为 530m。夏季降雨较多，使填埋场渗滤液水位较高，可能发生局部渗漏，从而污染周围水源，图 5.24（b）为上游垃圾坝发生渗滤液渗漏的现象。在计算夏季渗滤液水位时，降雨对填埋场内渗滤液的分布有最主要的影响，填埋场的顶部需要考虑降雨边界条件，上下游考虑水头边界条件。冬季降雨较少，可以忽略降雨产生的渗滤液，主要考虑上下游水头边界条件。根据实际情况，在填埋场下游边坡的每层垃圾处设定距边坡边缘 50m 的排水边界。

填埋场中渗流场的计算可以分两种工况进行模拟。工况 1 是冬季填埋场的渗流情况，工况 2 是夏季填埋场的渗流情况。冬季包括 12 月、1 月和 2 月，夏季包括 6 月、7 月和 8 月。冬季西安的降水量极少，基本可以忽略，在不考虑填埋场内垃圾本身含水和降解产生的水时，影响填埋场内渗滤液水位的因素是上下游水塘水位。降水主要集中在夏季，对填埋场内渗滤液水位分布有极大的影响作用。

（a）上游水塘　　　　　　　　　　（b）上游垃圾坝渗滤液渗漏

图 5.24　垃圾填埋场上游水塘现状和上游垃圾坝渗滤液渗漏现象

3）计算结果与分析

根据上述模型参数和边界条件的设定，采用 SEEP/W 模块计算两种工况下的渗流场（不考虑水分蒸发）。图 5.25 为冬季垃圾填埋场渗滤液水位的计算结果，图中的虚线代表渗滤液水位的高度，由于冬季降水量较少，对垃圾填埋场渗滤液水位的监测较为困难，并且相对于夏季较安全，因此未对其进行监测。冬季垃圾填埋场渗滤液受降雨作用的影响极小，这里不予考虑，最终计算的渗滤液水位约为 552m。

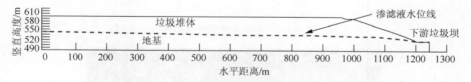

图 5.25　冬季垃圾填埋场渗滤液水位图（工况 1）

根据西安市夏季降雨强度和上下游水位计算夏季填埋场的渗滤液分布情况（图 5.26）。计算结果表明垃圾堆体中存在多层水位，图中的虚线为填埋场中的滞水位位置。在较新的垃圾层，滞水位较高。相反，在较老的垃圾层，滞水位相对较低。从图 5.26（a）中可以看出，第 8 层垃圾堆体充满了渗滤液，第 7 层垃圾堆体的渗滤液达到垃圾表层以下 2m 深，随着垃圾填埋深度的增加，每个覆盖层以上的滞水位逐渐降低，在填埋场中部第 3 层垃圾堆体中，渗滤液达到垃圾表层以

下 5m 深。图 5.26（b）中各层渗滤液出现下折的现象，这是因为边坡 50m 处设置
了排水，实际中渗滤液渗出了填埋场的边坡，垃圾填埋场下游边坡渗漏现状
见图 5.27。通过勘探可知，由于垃圾填埋方法和中间覆盖层的影响，填埋场中渗
滤液呈现分层分布，几乎有几层垃圾堆体就存在几层渗滤液。在新填垃圾层，渗
滤液水位达到垃圾表层以下 2m 深，而老的垃圾层渗滤液水位较低，因此渗滤液
水位在这些垃圾层中呈现不均匀性。通过各层边坡坡脚位置处水平盲沟和在竖井
开挖过程中发现，地面以下 1～3m 就能看见渗滤液。对比分析表明，数值计算和
勘测得到的渗滤液水位分布情况基本一致，数值计算得到的水位偏高是因为各垃
圾层的排水边界设定与实际存在差异。滞水现象出现在夏天，表明了降雨是垃圾
填埋场产生滞水位的原因之一。

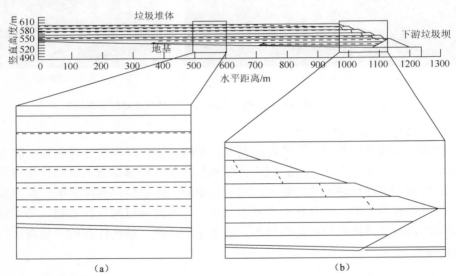

图 5.26　夏季垃圾填埋场渗滤液水位图（工况 2）

图 5.27　垃圾填埋场下游渗滤液渗漏现状

　　基于填埋场渗滤液分布的研究可得，当覆盖层厚度及渗透系数等参数不变时，降雨强度对填埋堆体上层垃圾渗滤液水位影响较大；随着降雨强度的增大，上层垃圾渗滤液水位逐渐升高，下层垃圾渗滤液水位上升较少。当降雨强度及覆盖层厚度等参数不变时，随着覆盖层渗透系数的增大，上层垃圾渗滤液水位逐渐降低，下层垃圾渗滤液水位逐渐升高。随着覆盖层厚度的增大，上层垃圾渗滤液水位高度逐渐升高，下层垃圾渗滤液水位高度逐渐降低，并且水位变化范围较小。

　　结合西安江村沟垃圾填埋场工程得出：冬季渗滤液水位较低，对填埋场的稳定性影响较小；夏季垃圾堆体中渗滤液水位很高，呈层状分布，并且从上向下渗滤液水位依次降低，对填埋场的稳定性有很大的影响。为提高填埋场的稳定性，应该采取加固垃圾坝和降低渗滤液水位的措施，并根据渗滤液水位设定降水方案。

5.2　垃圾堆体边坡稳定分析

5.2.1　垃圾堆体边坡稳定影响因素分析

　　因为垃圾填埋场的稳定性将直接威胁到人们居住的环境、人身和财产的安全，国内外许多学者对垃圾填埋场的稳定性进行了大量的研究。垃圾填埋场的传统稳定性分析方法主要是寻找最危险滑动面和计算相对应得最小安全系数。极限平衡法常被应用于边坡的稳定性分析，采用这种方法可以观察边坡的滑动面并且将滑动面和滑动面以上的土体视为一个刚体，通过力和力矩平衡作用，计算出边坡的安全系数，其结果更加可靠，并且许多学者采用这种方法研究垃圾填埋场的稳定性。本书采用 SLOPE/W 软件中的 Morgrnstern-Price 法（M-P 法）分析填埋场的边坡稳定情况，它是一种计算边坡稳定性的极限平衡法，因为该方法同时满足力和力矩平衡条件，因此具有良好的收敛性和严格的计算，而且可以很好地自定义和自动搜索滑动面，很好地解决垃圾填埋场的边坡稳定问题。垃圾的成分较复杂，并且随着时间的推移不断发生变化，其物理力学参数也不断发生变化。因此，有必要分析垃圾各参数对填埋场稳定性的影响。

　　1. M-P 法稳定分析理论

　　M-P 法是一种对滑动面的形状、静力平衡、多余未知数的选定等都不作要求的极限平衡分析方法，它把滑动面和滑动面上面的土体看成刚体，由滑动面上面若干个土条间的作用力来确定水平力和力矩的平衡，然后计算土体边坡的安全系数，与其他极限平衡方法相比更接近于实际情况。通过力和力矩平衡条件来计算安全系数，计算方程如下（张立舟等，2013）。

根据土条水平力的平衡求解安全系数，公式为

$$N = \frac{W + \lambda f(x)\left(\dfrac{c\Delta L \cos \alpha}{F_s}\right) - \dfrac{c\Delta L \sin \alpha}{F_s}}{\left(\cos \alpha + \dfrac{\sin \alpha \tan \varphi}{F_s}\right) - \lambda f(x)\left(\dfrac{\cos \alpha \tan \varphi}{F_s} - \sin \alpha\right)} \qquad (5.11)$$

$$F_s = \frac{\sum(c\Delta L \cos \alpha + RN \cos \alpha \tan \varphi)}{\sum N \sin \alpha} \qquad (5.12)$$

根据土条弯矩的平衡求解安全系数，公式为

$$F_s = \frac{\sum(c\Delta R + RN \tan \varphi)}{\sum WL_W - \sum NL_N} \qquad (5.13)$$

式中，F_s 为安全系数；c 为土体黏聚力，kPa；φ 为土体的内摩擦角，（°）；λ 为条间作用力的变化系数；α 为土条的切线和水平面之间的夹角，（°）；R 为对圆心点取矩的力臂长度，m；N 为滑动面作用在土条上的法向力，kN；W 为滑动土体的重力，kN；L_W 为各个土条形心点到滑动面圆心点的力臂，m；L_N 为各个土条滑动面处中点到其对应法线间的距离，m；ΔL 为滑动面上各土条的长度，m；$f(x)$ 为各个土条间相互作用力的变化函数。

根据上述水平力和弯矩的平衡条件，通过假定安全系数，采用迭代计算求得相应滑动面的安全系数。

2. 强度参数、形状参数及渗滤液水位对垃圾堆体边坡稳定性的影响

1）黏聚力的影响

黏聚力是垃圾土的一个重要的强度指标，并且它在填埋场中的变化范围较大。建立填埋场简化二维计算模型（图 5.28），取地基的厚度为 30m，各层垃圾的厚度为 10m，各层垃圾堆体的坡比为 1∶1，整个垃圾堆体的综合坡比 i_z 为 1∶3，黏聚力取平均值。分析黏聚力对填埋场稳定性的影响时，改变垃圾堆体黏聚力的大小，其他参数不变，垃圾重度取平均值为 12.58kN/m³，内摩擦角取为 28°，地基的重度和内摩擦角分别为 19kN/m³ 和 25°。假定垃圾填埋场内渗滤液水位高度为 50m，计算不同黏聚力时填埋场边坡的最小安全系数。该计算模型的高度大于 60m，属于一级设计安全等级，根据垃圾堆体边坡抗滑稳定最小安全系数规范（表 5.4）确定其正常运行条件下的安全系数标准为 1.35（CJJ 176—2012）。表 5.5 为垃圾填埋场在不同黏聚力作用时对应的最小安全系数，当 $c \leqslant 10$kPa 时，最小安全系数小于 1.35，填埋场处于不稳定状态；当 $c \geqslant 14$kPa 时，最小安全系数大于 1.35，填埋场处于稳定状态；当 c 取 10~14kPa 的某一特定值时，填埋场可能发生边坡失稳破坏。

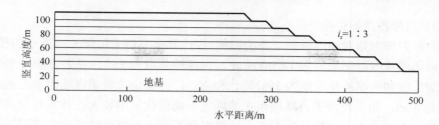

图 5.28　填埋场简化二维计算模型

表 5.4　垃圾堆体边坡抗滑稳定最小安全系数（涂帆等, 2008）

运行条件	安全等级		
	一级	二级	三级
正常运行条件	1.35	1.30	1.25
非常运行条件 I（渗滤液水位高）	1.30	1.25	1.20
非常运行条件 II（正常运行遭遇地震）	1.15	1.10	1.05

表 5.5　黏聚力与最小安全系数的对应关系表

黏聚力 c/kPa	5	6	7	8	9	10	14	20	28	32
最小安全系数 F_s	1.043	1.107	1.302	1.31	1.328	1.334	1.357	1.392	1.436	1.457

图 5.29 展示了最小安全系数随垃圾黏聚力变化的关系曲线，从图中可知，当其他参数不变时，最小安全系数随着黏聚力的增大而逐渐增大，并且当黏聚力 $c > 10$kPa 时，最小安全系数基本呈线性增长趋势，而 $c < 10$kPa 时，随着黏聚力的增大最小安全系数增加速率较大。这是因为，地基的黏聚力为 10kPa 时，起初地基的强度对填埋场安全系数影响较大，随着填埋堆体强度的逐渐增大，对边坡安全系数起主要影响作用的因素变为填埋堆体的强度。

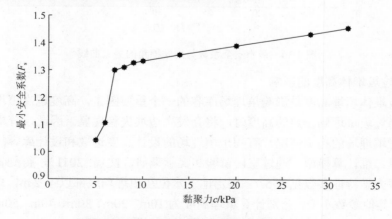

图 5.29　最小安全系数与黏聚力的关系曲线

2）内摩擦角的影响

分析内摩擦角对填埋场稳定性的影响时，计算模型仍采用图5.28所示的模型。垃圾堆体的重度取平均值为12.58kN/m³，内摩擦角取为28°，黏聚力取为5kPa，地基的重度和内摩擦角分别为19kN/m³和25°，并假定垃圾填埋场内渗滤液水位高度为50m。由于垃圾的内摩擦角在填埋场中的变化范围较大，计算时取其平均值，改变它的大小，其他参数不变，计算得到不同内摩擦角时对应的填埋场边坡的最小安全系数（表5.6）。

表5.6　内摩擦角与最小安全系数的对应关系表

内摩擦角 φ /（°）	12	17	19	21	25	28	31	34	37	41
最小安全系数 F_s	0.600	0.738	0.789	0.843	0.954	1.043	1.13	1.225	1.323	1.519

从表5.6和图5.30可知，填埋场的最小安全系数随垃圾堆体内摩擦角的增大而逐渐增大，并且基本呈线性增长趋势。当 $\varphi \leqslant 37°$ 时，最小安全系数小于1.35，填埋场处于不稳定状态；当 $\varphi \geqslant 41°$ 时，最小安全系数大于1.35，填埋场处于稳定状态；当 φ 取 37°~41°的某一特定值时，填埋场可能发生边坡失稳破坏。

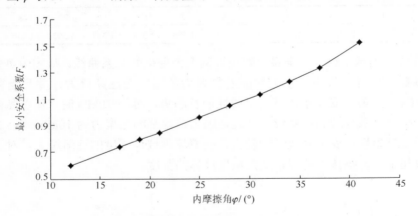

图5.30　最小安全系数与内摩擦角的关系曲线

3）垃圾堆体高度的影响

垃圾堆体填埋高度是影响填埋场库容的一个重要因素，高度越高填埋库容越大，但当垃圾填埋到一定的高度时，将会发生边坡失稳现象。因此，分析不同填埋高度时填埋场的稳定情况，有利于填埋场的设计高度选取和设计库容的计算。建立简单二维计算模型，通过室内试验和文献调研（沈磊，2011），得到各土层垃圾的物理力学特性参数见表5.7。假定地下水位在填埋场底部以下2m，只改变填埋高度，其他参数不变，分别计算填埋高度为10m、20m、30m、40m、50m、60m、70m和80m时填埋场的边坡稳定性，如图5.31~图5.38所示。

表 5.7　西安江村沟垃圾填埋场物理力学特性参数

土层		黏聚力 c/ kPa	内摩擦角 φ / (°)	重度 γ / (kN/m³)
垃圾堆体 埋深/m	0～10	5	28	9.1
	10～20	5	28	11.0
	20～30	5	28	12.4
	30～40	5	28	13.2
	>40	5	28	13.5
地基		10	25	19
下游垃圾坝		10	38	19

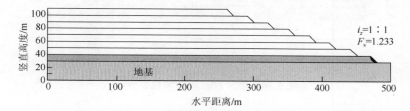

图 5.31　填埋 10m 时边坡稳定分析

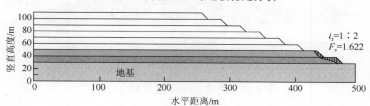

图 5.32　填埋 20m 时边坡稳定分析

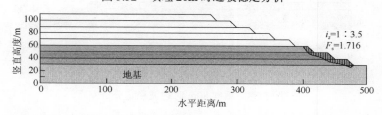

图 5.33　填埋 30m 时边坡稳定分析

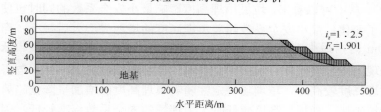

图 5.34　填埋 40m 时边坡稳定分析

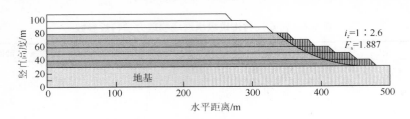

图 5.35　填埋 50m 时边坡稳定分析

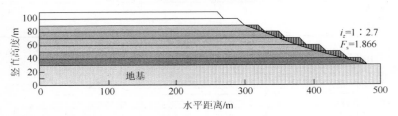

图 5.36　填埋 60m 时边坡稳定分析

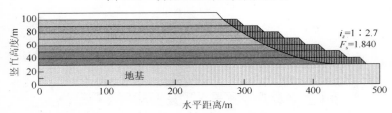

图 5.37　填埋 70m 时边坡稳定分析

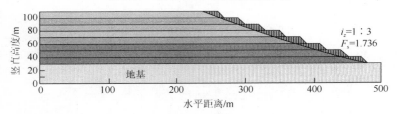

图 5.38　填埋 80m 时边坡稳定分析

　　通过上述计算得到垃圾堆体填埋高度对填埋场边坡稳定性的影响结果(表 5.8 和图 5.39)。从中可以看出，垃圾填埋高度影响最小安全系数的同时也使边坡综合坡角发生了变化，最小安全系数随着填埋高度的增加先增大后减小，当填埋高度 H_{waste}=40m 时，最小安全系数 F_s 最大，其值为 1.901。在填埋高度较低时，填埋场主要表现为小尺度破坏，虽然安全系数较低，但填埋场破坏性和危害性相对较小；在填埋高度较高时，填埋场稳定性随着填埋高度的增加呈降低趋势，表现为大尺度滑坡破坏。当填埋高度较低时，填埋场的安全系数标准较低，因此在填埋高度增加到 80m 的过程中，填埋场一直处于稳定状态，当继续填埋时，填埋场的

表 5.8　垃圾堆体填埋高度与最小安全系数的对应关系表

填埋高度 H_{waste} /m	10	20	30	40	50	60	70	80
最小安全系数 F_s	1.233	1.622	1.716	1.901	1.887	1.866	1.840	1.736

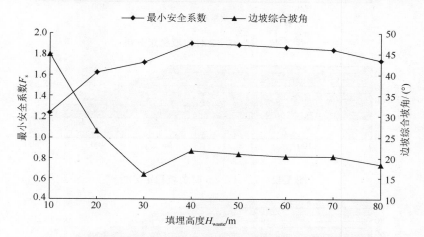

图 5.39　最小安全系数、边坡综合坡角与垃圾堆体填埋高度的关系曲线

最小安全系数将会降低，逐渐趋于不稳定状态。在垃圾填埋过程中，微生物分解作用、各层垃圾的力学特性也会影响填埋堆体的边坡稳定性。综上可得，设计填埋场时需同时考虑填埋场的稳定性和填埋库容从而来确定合理填埋高度。

4）垃圾堆体综合坡比的影响

垃圾堆体的边坡坡比对填埋场边坡稳定性有很大的影响作用，填埋堆体的坡度和填埋库容成正比，然而当坡度达到一定程度时，将会发生边坡失稳现象。因此，分析不同边坡坡比时填埋场的稳定情况，有利于填埋场的设计坡比选取和设计库容的计算。建立简单二维计算模型，仍然假定地下水位在填埋场底部以下 2m，只改变边坡坡比大小，其他参数不变，分别分析不同边坡综合坡比时填埋堆体的稳定情况，如图 5.40～图 5.47 所示。

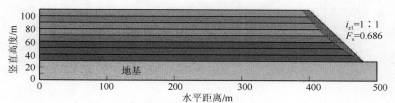

图 5.40　i_{z1} =1：1 时边坡稳定分析

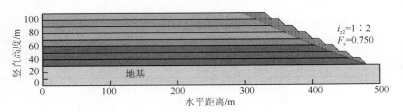

图 5.41　　i_{z2} =1：2 时边坡稳定分析

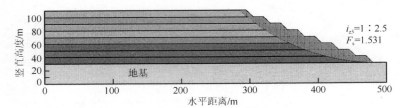

图 5.42　　i_{z3} =1：2.5 时边坡稳定分析

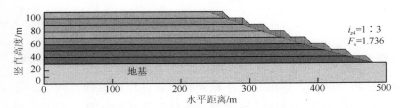

图 5.43　　i_{z4} =1：3 时边坡稳定分析

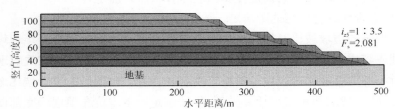

图 5.44　　i_{z5} =1：3.5 时边坡稳定分析

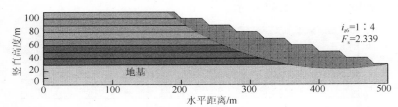

图 5.45　　i_{z6} =1：4 时边坡稳定分析

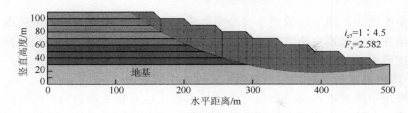

图 5.46 i_{z7}=1：4.5 时边坡稳定分析

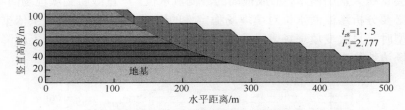

图 5.47 i_{z8}=1：5 时边坡稳定分析

表 5.9 为不同边坡综合坡比和坡角情况下对应的填埋场最小安全系数值，可以看出，安全系数随着边坡综合坡比的增大而减小。当综合坡比 i_z≥1：2 时，其最小安全系数 F_s<1.35，表明填埋场边坡可能发生失稳；当 i_z≤1：2.5 时，F_s>1.35，表明填埋场边坡处于稳定状态；当 i_z 取 1：2.0～1：2.5 的某一特定值时，填埋场可能发生边坡失稳破坏。生活垃圾卫生填埋场规范中要求填埋堆体的坡比小于1：3。图 5.48 为垃圾填埋场的最小安全系数与边坡坡角的关系曲线图，表明随着

表 5.9 不同边坡综合坡比和坡角与最小安全系数的对应关系表

边坡综合坡比 i_z	1：1	1：2	1：2.5	1：3	1：3.5	1：4	1：4.5	1：5
边坡综合坡角/(°)	45	27	22	18	16	14	13	11
最小安全系数 F_s	0.686	0.750	1.531	1.736	2.081	2.339	2.582	2.777

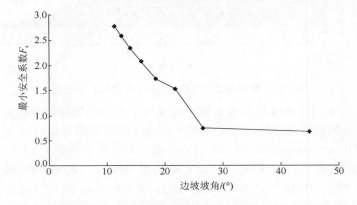

图 5.48 最小安全系数与边坡综合坡角关系曲线

边坡坡角的增大，填埋场的最小安全系数降低，并且安全系数的降低速率也随之降低，填埋场逐渐发生边坡失稳破坏。综上可得，设计填埋场合理填埋高度时，在满足规范要求的条件下，需同时考虑填埋场的稳定性和边坡坡比。

5）渗滤液水位的影响

填埋场中渗滤液水位的高低对填埋场的稳定性有极大的影响，而渗滤液主要来源于降雨入渗，当不考虑填埋场的中间覆盖层并且倒排系统发生淤堵时，填埋场内将会累积大量的雨水，形成很高的渗滤液水位，严重威胁到填埋场的稳定性。所以有必要分析渗滤液水位对填埋场稳定性的影响，为降水方案提供依据。建立计算模型时，只改变填埋场表面的降雨强度，其他参数不变，计算不同降雨强度时填埋场边坡稳定性的影响，如图 5.49～图 5.54 所示。

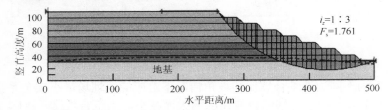

图 5.49　降雨强度为 $1.0×10^{-9}$m/s 时边坡稳定分析

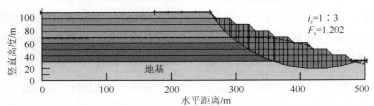

图 5.50　降雨强度为 $5.0×10^{-9}$m/s 时边坡稳定分析

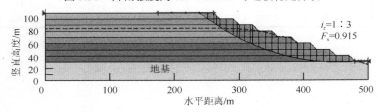

图 5.51　降雨强度为 $1.0×10^{-8}$m/s 时边坡稳定分析

表 5.10 为不同降雨强度和渗滤液水位高度下对应的填埋场最小安全系数值，可以得到，安全系数随着降雨强度的增大或渗滤液水位的升高而减小，当降雨强度 $f ≥ 5.0×10^{-9}$m/s 或渗滤液水位 $H_1 ≥ 69$m 时，最小安全系数 $F_s < 1.35$，垃圾填埋场处于不稳定状态；当 $f ≤ 5.0×10^{-9}$m/s 或 $H_1 ≤ 39$m 时，$F_s > 1.35$，填埋场处于稳定状态；当 f 取 $1.0×10^{-9}$～$5.0×10^{-9}$m/s 或 H_1 取 39～69m 的某一特定值时，填埋场可能发生边坡失稳破坏。图 5.55 为垃圾填埋场的最小安全系数与降雨强度的关

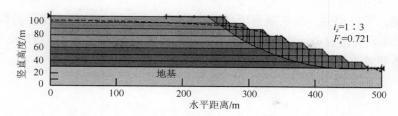

图 5.52 降雨强度为 $5.0×10^{-8}$m/s 时边坡稳定分析

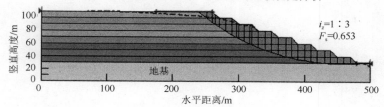

图 5.53 降雨强度为 $1.0×10^{-7}$m/s 时边坡稳定分析

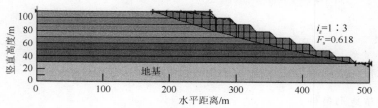

图 5.54 降雨强度为 $5.0×10^{-7}$m/s 时边坡稳定分析

表 5.10 不同降雨强度和渗滤液水位高度与最小安全系数的对应关系表

降雨强度 f /（m/s）	$1.0×10^{-9}$	$5.0×10^{-9}$	$1.0×10^{-8}$	$5.0×10^{-8}$	$1.0×10^{-7}$	$5.0×10^{-7}$
渗滤液水位高度 H_1 / m	39	69	84	97	102	108
最小安全系数 F_s	1.761	1.202	0.915	0.721	0.653	0.618

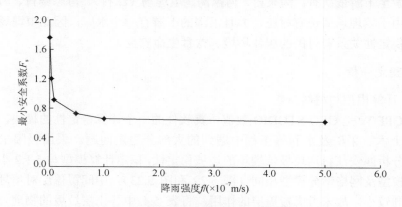

图 5.55 最小安全系数与降雨强度关系曲线

系曲线图，可以得到，起初随着降雨强度的增大，填埋场的最小安全系数急剧降低，后来逐渐变化较小。图 5.56 展示了渗滤液水位对填埋场安全系数的影响情况，安全系数随着水位的升高而降低，并且降低速率逐渐减小。

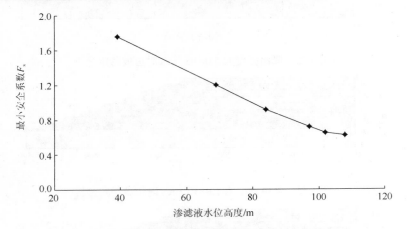

图 5.56　最小安全系数与渗滤液水位关系曲线

5.2.2　江村沟垃圾堆体边坡稳定分析

1. 地质地形条件

填埋场处于西安市白鹿塬的黄土台塬，地势呈现南北高、中部低的山谷形态。场区的不良地质作用分别是库岸的边坡和垃圾堆体边坡，周边未发现大型地下水开采井和地面沉降等岩土环境地质及不良地质作用发育。场地稳定性较好，属于适宜建筑的一般场地。根据勘探结果可知，库岸边坡土体的岩性主要是黄土和古土壤层状沉积层，目前岸坡坡率为 1∶0.8～1∶0.7，处于稳定状态。沿山谷分布的从上游至下游依次有：沟泉村、何家沟、填埋场（江村）、肖家寨村、唐家寨水库等，由于填埋场周边有村庄，并且沿沟的下游有一个水库，因此填埋场渗滤液及边坡稳定性关系着村民的居住环境、饮食生命安全。

2. 稳定分析

1）计算模型与材料参数

SLOPE/W 是 GEO-STUDIO 数值仿真软件的一个计算稳定性的模块，主要用于分析土木、采矿及水利等工程中遇到的大部分稳定问题。采用极限平衡法的 M-P 法分析西安江村沟垃圾填埋场的边坡稳定性，稳定计算模型与 5.1.2 小节的渗流计算模型及网格剖分模型相同（图 5.22 和图 5.23）。中间覆盖层对填埋场边坡稳定影响较小，故未考虑覆盖层的作用，将表 5.4 中各土层垃圾的物理力学特性参数赋予稳定计算模型。

2）边界条件与计算工况

根据上述模型参数的确定，将 5.1.2 小节渗流分析中工况 1 和工况 2 的计算结果（图 5.25 和图 5.26）导入到 SLOPE/W 稳定分析模块作为稳定计算的边界条件，采用极限平衡分析法中的 M-P 方法计算垃圾填埋场的边坡稳定性。计算过程分为两种工况，工况 1′用于模拟冬季填埋场的稳定情况，工况 2′用于模拟夏季垃圾填埋场的稳定情况。

3）计算结果与分析

图 5.57 展示了工况 1′的稳定计算结果（只截取了下游部分图），填埋场边坡的最危险滑动面入口位于第 5 层垃圾体处，出口位于下游垃圾坝坡脚，计算出的边坡最小安全系数为 1.516。考虑各层垃圾体中不同高度的渗滤液水位，图 5.58 展示了工况 2′的稳定计算结果，填埋场边坡的最危险滑动面入口位于第 4 层垃圾体处，出口位于下游垃圾坝坡脚，计算出的边坡最小安全系数为 0.958，较工况 1′计算的最小安全系数小。

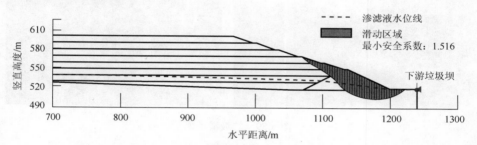

图 5.57　冬季垃圾填埋场边坡稳定分析（工况 1′）

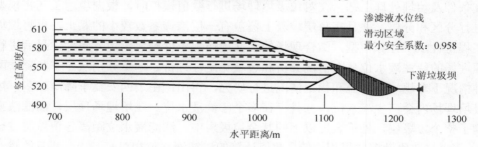

图 5.58　夏季垃圾填埋场边坡稳定分析（工况 2′）

基于《城市生活垃圾填埋场岩土工程规范》（2012），该计算模型高度大于 60m，属于一级设计安全等级，其正常运用状态下的安全系数标准定为 1.35，非常运用状态下的安全系数标准定为 1.30。工况 1′得到的边坡最小安全系数大于 1.35，表明该工况下填埋场边坡处于安全状态，不会发生滑坡灾害。冬季所产生的降水量很少，填埋场中的渗滤液主要来源于地表水、地下水和垃圾自身降解作用，因为垃圾降解产生水量分析较复杂，这里仅考虑了地表水和地下水作用，因此孔隙水压力较小，对填埋场边坡稳定性影响较小。而工况 2'是非常运用条件，即考虑了降雨，计算得到的边坡最小安全系数小于 1.30，表明该工况下填埋场边坡发生失稳破坏。西安夏季降水量较多，并且生活垃圾堆体的渗透系数较大，大量的水渗入填埋场而不能及时排出，因此填埋场的孔隙水压力和垃圾密度显著增大，导致填埋场发生滑坡。在 2011 年汛期之后，西安江村沟垃圾填埋场第 5、6 层垃圾因渗滤液导排不及时导致局部滑坡，滑塌垃圾约为 2 万 m³（图 5.59）。这是由于垃圾堆体的渗滤液水位较高，垃圾接近饱和状态，外界降雨或继续增加渗滤液时，会使水流带走垃圾中的无黏性细小颗粒，对垃圾边坡的稳定性影响较大，使得安全系数减小，发生垃圾体滑塌。后来经过对该层导排系统进行疏通和修整，使渗滤液水位相对降低，提高了垃圾堆体的安全性。

图 5.59　垃圾滑坡面

通过查阅资料和现场调研，了解西安江村沟填埋场的地质地形条件、气象水文条件及填埋处理工艺。在对垃圾填埋场进行数值模拟时，根据填埋工艺将模型进行分区和分层，并且在每层垃圾上覆盖有一层渗透系数较小的黏土，再将垃圾工程特性赋予计算模型，结合现场的水文地质等条件确定出边界条件，最后进行填埋场的渗滤液水位分布情况分析和边坡稳定性评价。本章分别从冬季和夏季两种情况下对填埋场渗流和稳定情况进行研究，得出：由于西安夏季降雨较多，垃圾填埋场内会产生滞水位，并且存在多个渗滤液水位。在填埋场顶层，渗滤液充满了整个垃圾层，处于表层以下的其余垃圾层中，渗滤液水位距离各覆盖层 2～5m 深。与地质勘探结果相比较，数值计算的渗滤液水位相对高一点，两者的渗滤液分布规律基本相同。结合渗流计算的结果分析填埋场的稳定性，得出冬季和夏季填埋场的最小安全系数分别为 1.516 和 0.958，其中夏季填埋场出现下游边坡失稳现象。因此，夏季需要采取降水措施以降低填埋场水位，从而提高其安全性能。降雨作用是影响填埋场边坡稳定性的重要因素之一，降雨渗入垃圾堆体使得垃圾的含水量和重度增加，造成垃圾的强度降低，孔隙水压力增大，最后导致填埋场发生滑坡（杨荣，2016）。

　　通过分析垃圾堆体的抗剪强度、形状参数及渗滤液水位 3 个方面对填埋堆体边坡稳定性的影响，得出当垃圾堆体黏聚力大于地基黏聚力，其他方面不变时，安全系数随着黏聚力的增大线性递增。当其他参数不变时，安全系数随着内摩擦角的增大线性递增；在垃圾填埋初期，安全系数随着填埋高度的增加而增大，随后增大到一定的高度时，安全系数逐渐降低，直到边坡发生失稳破坏，安全系数随着边坡坡比的减小而逐渐减小，随着边坡坡度的增大，填埋场的最小安全系数逐渐降低，并且其降低速率也随之降低；分析不同渗滤液水位对填埋场边坡稳定性的影响，随着降雨强度的增大渗滤液水位升高，安全系数随之减小，并且它的减小速率逐渐变缓。

　　结合西安江村沟垃圾填埋场的实际情况，根据渗流计算的结果分析填埋场的稳定性，得出冬季和夏季填埋场的最小安全系数分别为 1.516 和 0.958，其中夏季填埋场出现下游边坡失稳现象。因此，夏季需要采取降水措施以降低填埋场水位，从而提高其安全性能。

5.3　本　章　小　结

　　本章通过对填埋堆体的分层填筑工艺进行分析，结合垃圾的工程特性及水文地质条件，运用数值模拟方法建立模型并对垃圾填埋堆体的渗流和稳定进行研究。分析了降雨强度、覆盖层渗透系数以及覆盖层厚度对垃圾堆体渗滤液分布的影响，同时分析了垃圾堆体的强度参数、几何形状以及渗滤液水位高度对填埋场边坡稳定性的影响。最后，结合西安江村沟垃圾填埋场的实际填埋情况和勘测资料，采用数值计算方法分析该填埋场冬季及夏季情况下渗滤液水位的分布情况，并且分析了两种情况下填埋场的边坡稳定情况。通过研究得出：

　　（1）基于填埋场渗滤液分布的研究得出，当覆盖层厚度及渗透系数等参数不变时，降雨强度对填埋堆体上层垃圾渗滤液水位影响较大；随降雨强度的增大，上层垃圾渗滤液水位逐渐升高，下层垃圾渗滤液水位上升较少。当降雨强度及覆盖层厚度等参数不变时，随覆盖层渗透系数的增大，上层垃圾渗滤液水位逐渐降低，下层垃圾渗滤液水位逐渐升高。随覆盖层厚度的增大，上层垃圾渗滤液水位高度逐渐升高，下层垃圾渗滤液水位高度逐渐降低，并且水位变化范围较小。

　　（2）通过研究几个因素对填埋堆体边坡稳定性的影响得出，安全系数随黏聚力和内摩擦角的增大基本呈线性增长趋势。在垃圾填埋初期，安全系数随填埋高度的增加而增大，随后增大到一定的高度时，安全系数逐渐降低；安全系数随边坡坡比的减小而逐渐减小，随边坡坡度的增大，填埋堆体的最小安全系数逐渐降低，并且安全系数的降低速率也随之降低。随降雨强度的增大渗滤液水位升高，安全系数随之减小，并且它的减小速率逐渐变缓。

（3）通过对西安市江村沟垃圾填埋场的渗滤液水位和边坡稳定情况研究，得出冬季渗滤液水位较低，对填埋场的稳定性影响较小；夏季垃圾堆体中渗滤液水位很高，呈层状分布，并且从上向下渗滤液水位依次降低，对填埋场的稳定性有很大的影响。为提高填埋场的稳定性，应该采取加固垃圾坝和降低渗滤液水位的措施，并根据渗滤液水位设定降水方案。

参 考 文 献

沈磊, 2011. 城市固体废弃物填埋场渗滤液水位及边坡稳定分析[D]. 杭州: 浙江大学硕士学位论文.

涂帆, 钱学德, 2008. 中美垃圾填埋场垃圾土的重度、含水量和相对密度[J]. 岩石力学与工程学报, 27(增1): 3075-3081.

杨荣, 2016. 城市生活垃圾填埋堆体渗透试验及边坡稳定分析[D]. 西安: 西安理工大学硕士学位论文.

张立舟, 翟嘉玮, 邓湘波, 等, 2013. 极限平衡 Morgenstern-Price 法与有限元 ABAQUS 法在边坡稳定性评价中的应用[J]. 重庆理工大学学报(自然科学), 27(6): 23-32.

中华人民共和国住房和城乡建设部, 2012. 生活垃圾卫生填埋场岩土工程技术规范(CJJ 176—2012)[S]. 北京: 中国建筑工业出版社.

CHILDS E C, COLLINS-GEORGE N, 1950. The permeability of porous materials[J]. Proceedings of the Royal Society, 1066 (201): 392-405.

GEO-SLOPE International Ltd., 2011. 非饱和土体渗流分析软件 SEEP/W 用户指南[M]. 中仿科技(CnTech)公司, 译. 北京: 冶金工业出版社: 141-143.

RICHARDS L A, 1931. Capillary conduction of liquids through porous mediums[J]. Physics, 1(5): 318-333.

第6章 总结与展望

6.1 总 结

特殊岩土工程（尾矿堆积坝和生活垃圾填埋场）是人类社会发展过程中的一种产物，由于属于废弃物，长期以来被人类所忽视。然而随着其数量越来越多、工程安全问题越来越突出，才迫使人类给予了其更多的关注。由于特殊岩土体本身的特殊性，因此其介质分布规律、地球化学作用较传统岩土体更为复杂，而渗透特性问题就属于众多工程安全问题中的一类。本书系统地介绍了尾矿堆积坝、生活垃圾填埋场这两类特殊岩土工程的渗透特性，通过现场调研、现场试验、室内试验、数值模拟等手段分析了尾矿堆积坝体的渗透性能和垃圾填埋场的深流稳定性，化学淤堵对尾矿堆积坝体渗透性能的影响，垃圾堆体饱和渗透系数的分布规律。主要研究成果如下：

（1）通过栗西尾矿库的现场调查与分析发现，在排水设施周边常伴有淤堵现象发生，影响其正常排水，给尾矿库的安全稳定运行带来一定的安全隐患；粒径为 0.16mm 的尾矿砂粒占 37.68%，粒径为 0.315mm 的尾矿砂粒占 38.82%，二者之和占到尾矿砂总量的 76.5%；对尾矿库不同位置取样分析发现，Fe^{2+} 的浓度为 0.13～0.49mg/L，是造成化学淤堵发生的主要原因之一。通过对 0.315mm 和 0.16mm 两种粒径的尾矿砂进行砂柱进出口水头差为 10cm、5cm、2cm、1cm 四种工况下的物理淤堵试验，结果发现，物理淤堵最容易发生在砂柱的进口段附近，各工况下进口段渗透系数均经历了快速下降、缓慢下降、逐渐平稳等阶段；水头差为 10cm 的工况渗透系数最大降幅达 90%，水头差为 5cm 的工况渗透系数最大降幅为 83%，水头差为 2cm 的工况渗透系数最大降幅为 56%，水头差为 1cm 的工况渗透系数基本无变化。

（2）通过对 0.315mm 粒径的均质尾矿砂进行不同浓度下 Fe^{2+} 的化学淤堵试验，结果发现，Fe^{2+} 浓度分别为 0.4～0.5mg/L、0.3～0.4mg/L、0.2～0.3mg/L 三种工况下，尾矿砂柱内渗透系数在开始 60h 内下降最快，随后下降速度逐渐减小，最后趋于稳定。采用指数函数对各工况下渗透系数随时间的变化关系进行拟合，通过对比趋势预测曲线发现，Fe^{2+} 浓度为 0.4～0.5mg/L、0.2～0.3mg/L 工况下渗透系数的变化过程比较接近，而 Fe^{2+} 浓度为 0.3～0.4mg/L 工况化学淤堵发生更加迅速，稳定时间短。

（3）通过西安江村沟垃圾填埋场的现场调查与分析发现，垃圾重度、饱和渗透系数与填埋深度成正比，并且增大速率与填埋深度成反比；垃圾中有机物含量越多，饱和渗透系数越大，无机物含量越多，饱和渗透系数越小。

（4）当垃圾填埋场覆盖层厚度及渗透系数等参数不变时，降雨强度对填埋堆体上层垃圾渗滤液水位影响较大。随降雨强度的增大，上层垃圾渗滤液水位逐渐升高，下层垃圾渗滤液水位上升较少。当降雨强度及覆盖层厚度等参数不变时，随覆盖层渗透系数的增大，上层垃圾渗滤液水位逐渐降低，下层垃圾渗滤液水位逐渐升高。随覆盖层厚度的增大，上层垃圾渗滤液水位高度逐渐升高，下层垃圾渗滤液水位高度逐渐降低，并且水位变化范围较小。

（5）通过对西安市江村沟垃圾填埋场的渗滤液水位和边坡稳定情况研究得出，冬季渗滤液水位较低，对填埋场的稳定性影响较小；夏季垃圾堆体中渗滤液水位很高，呈层状分布，并且从上向下渗滤液水位依次降低，对填埋场的稳定性有很大的影响。为提高填埋场的稳定性，应该采取加固垃圾坝和降低渗滤液水位的措施，根据渗滤液水位设定降水方案。

6.2 展　望

（1）特殊岩土工程（尾矿堆积坝和生活垃圾填埋场）的实际水文地质环境非常复杂，岩土体渗透特性的非均质、各向异性、随时间等因素而不断发生变化，应加强随机理论在地下水模拟中的应用。

（2）加强特殊岩土工程数值模拟概念模型建立的研究，野外众多数值模拟研究失败的重要原因就是概念模型建立的不准确，如边界条件处理的不当、研究区域水文地质条件把握的不够全面等。

（3）针对尾矿堆积坝和生活垃圾填埋场"边建设、边运行"的特点，加强建设过程中监测方法、监测手段的改进，收集监测数据、总结规律也非常重点的研究方向之一。

附　录

1. 基于 MODFLOW2005_1.8 源程序代码的 GWF2MNW2I7.F 修正子程序(增加辐射排水井竖井和水平排水管同时出水及化学淤堵作用)

```
      MODULE GWFMNW2MODULE
INTEGER,SAVE,POINTER ::NMNW2,MNWMAX,NMNWVL,IWL2CB,MNWPRNT
      INTEGER,SAVE,POINTER ::NODTOT,INTTOT,NTOTNOD
      DOUBLE PRECISION, SAVE,POINTER :: SMALL
      CHARACTER(LEN=20),SAVE, DIMENSION(:),  POINTER    ::WELLID
      CHARACTER(LEN=16),SAVE, DIMENSION(:),  POINTER    ::MNWAUX
      DOUBLE PRECISION, SAVE, DIMENSION(:,:), POINTER   ::MNW2
      DOUBLE PRECISION, SAVE, DIMENSION(:,:), POINTER   ::MNWNOD
      DOUBLE PRECISION, SAVE, DIMENSION(:,:), POINTER   ::MNWINT
      DOUBLE PRECISION, SAVE, DIMENSION(:,:,:), POINTER  ::CapTable
    TYPE GWFMNWTYPE
      INTEGER,POINTER ::NMNW2,MNWMAX,NMNWVL,IWL2CB,MNWPRNT
      INTEGER,POINTER ::NODTOT,INTTOT,NTOTNOD
      DOUBLE PRECISION, POINTER :: SMALL
      CHARACTER(LEN=20), DIMENSION(:),   POINTER    ::WELLID
      CHARACTER(LEN=16), DIMENSION(:),   POINTER    ::MNWAUX
      DOUBLE PRECISION,  DIMENSION(:,:), POINTER    ::MNW2
      DOUBLE PRECISION,  DIMENSION(:,:), POINTER    ::MNWNOD
      DOUBLE PRECISION,  DIMENSION(:,:), POINTER    ::MNWINT
      DOUBLE PRECISION,  DIMENSION(:,:,:), POINTER  ::CapTable
    END TYPE
    TYPE(GWFMNWTYPE), SAVE:: GWFMNWDAT(10)
    END MODULE GWFMNW2MODULE
C--------------------------------------------------------------------
SUBROUTINE SMNW2COND(IGRID,kstp,kper,kiter,ITFLAG)
C    VERSION 20060704 KJH
c----- MNW1 by K.J. Halford
c----- MNW2 by G.Z. Hornberger
```

```
c
*****************************************************************
c     Calculate all Cell-to-well conductance terms
c
*****************************************************************
C        SPECIFICATIONS:
      USE GLOBAL,        ONLY:IOUT,NCOL,NROW,NLAY,NBOTM,LBOTM,BOTM,
     1                        IBOUND,LAYCBD,DELR,DELC,LAYHDT,
     2                        HNEW,ISSFLG
      USE GWFBASMODULE, ONLY:HDRY
      USE GWFMNW2MODULE, ONLY:NMNW2,MNWMAX,MNWPRNT,MNWINT,INTTOT,
     1                        NODTOT,MNW2,MNWNOD,SMALL,WELLID
      CHARACTER*9 ctext
      INTEGER firstnode,lastnode,firstint,lastint,
     & kstp,kiter,kper,nd,PPFLAG
      DOUBLE PRECISION verysmall,cond,dx,dy,top,bot,thck,
     & Txx,Tyy,rw,Qact,Rskin,Kskin,B,C,CF,PLoss,cel2wel2,alpha,
     & Kz,totlength,lengthint,ratio,CWC,ztop,zbotm,dhp,SS,Skin,
     &
ZPD,ZPL,ABC,ABCD,lengthratio,T,Kh,QQ,dpp,topscreen,bottomscreen
      CALL SGWF2MNW2PNT(IGRID)
      ISS=ISSFLG(KPER)
      verysmall = 1.0D-20
c1------if number of wells <= 0 then return.
      if(nmnw2.le.0) return
c   set print flag for well output
c   if transient, print every TS; if steady, every SP
      ipr=0
      if(ISS.eq.0) then
        if(kiter.eq.1) ipr=1
      else
        if(kstp.eq.1.and.kiter.eq.1) ipr=1
      end if
c   now check mnwprnt and SPs
      if(mnwprnt.eq.0) ipr=0
      if(kper.gt.1.and.mnwprnt.lt.2) ipr=0
```

```
c   print header for well output
c   if transient, by kiter=1 , if not, by tstep=1
     if(ipr.eq.1) then
       write(iout,*)
       write(iout,'(120A)') 'MNW2 Well Conductance and Screen (Open
      &Interval) Data'
       write(iout,'(120A)') '                          M O D E L
      & L A Y E R   W E L L  S C R E E N  Penetration  SKIN
      & CALCULATED'
       write(iout,'(120A)') 'WELLID        Node    CWC*    top elev
      &bott.elev   top elev  bott.elev  fraction   COEFF.
      &        B'
     end if
c   Compute cell-to-well conductance for each well node
c   Loop over all wells
     do iw=1,MNWMAX
c   Only operate on active wells (MNW2(1,iw)=1)
       if (MNW2(1,iw).EQ.1) then
         LOSSTYPE=INT(MNW2(3,iw))
         NNODES=INT(MNW2(2,iw))
         firstnode=MNW2(4,iw)
         lastnode=MNW2(4,iw)+ABS(NNODES)-1
         alpha=1.0
c   determine well characteristics for nonvertical wells
         if(MNW2(21,iw).GT.0) then
            CALL MNW2HORIZ(IGRID,LOSSTYPE,NNODES,firstnode,lastnode,
      & IW,kstp,kper,ipr,alpha)
         else
c   for all other wells, define CWC in node loop
c   Loop over nodes in well
         do INODE=firstnode,lastnode
          nod=INODE-firstnode+1
          ix=MNWNOD(3,INODE)
          iy=MNWNOD(2,INODE)
          iz=MNWNOD(1,INODE)
```

```
c set flag for deciding whether to recalculate CWC (1=true)
        irecalc=1
c-----if the cell is inactive or specified then bypass processing.
        if(ibound(ix,iy,iz).lt.1 ) irecalc=0
c if confined (THICKNESS IS NOT HEAD-DEPENDENT), don't recalculate CWC
        if(LAYHDT(IZ).EQ.0.and.kiter.gt.1) irecalc=0
c if GENERAL, always recalculate
        if(LOSSTYPE.eq.3.and.MNWNOD(9,INODE).GT.0.d0) irecalc=1
        if(irecalc.eq.1) then
c-----if the cell is inactive or specified then bypass processing.
c        if(ibound(ix,iy,iz).ne.0 ) then
            if(LAYHDT(IZ).EQ.0) then
c if confined (THICKNESS IS NOT HEAD-DEPENDENT), don't use hnew=top
                top=BOTM(IX,IY,LBOTM(IZ)-1)
            else
                top = hnew(ix,iy,iz)
                if(top.gt.(BOTM(IX,IY,LBOTM(IZ)-1)))
     &             top=BOTM(IX,IY,LBOTM(IZ)-1)
            end if
            bot = BOTM(IX,IY,LBOTM(IZ))
            thck = top-bot
c    Check for SPECIFIED CONDUCTANCE option (LOSSTYPE=4) for
node-defined well
            if(LOSSTYPE.EQ.4.and.NNODES.GT.0) then
                cond = MNWNOD(11,INODE)
            else
                dx   = delr(ix)
                dy   = delc(iy)
                Txx = MNWNOD(16,INODE)
                Tyy = MNWNOD(17,INODE)
                Qact = MNWNOD(4,INODE)
c            If this is not a vertical well with intervals
c            defined by elevations (i.e. NNODES>0)
                if(NNODES.GT.0) then
                  rw = MNWNOD(5,INODE)
```

```
                Rskin = MNWNOD(6,INODE)
                Kskin = MNWNOD(7,INODE)
                B = MNWNOD(8,INODE)
                Cf = MNWNOD(9,INODE)
                PLoss = MNWNOD(10,INODE)
c     compute conductance term for node
                cond = cel2wel2(LOSSTYPE,Txx,Tyy,dx,dy,
     &                    rw,Rskin,Kskin,B,Cf,PLoss,thck,Qact,
     &                    WELLID(iw),Skin)
c     check cond<0, reset to 0 and print warning
                if(cond.lt.0.d0) then
                    write(iout,*) '***WARNING*** CWC<0 reset to CWC=0'
                    write(iout,*) 'In Well ',WELLID(iw),' Node ',INODE
                    cond=0.d0
                end if
c     check cond<0, reset to 0 and print warning
                if(cond.lt.0.d0) then
                    write(iout,*) '***WARNING*** CWC<0 reset to CWC=0'
                    write(iout,*) 'In Well ',WELLID(iw),' Node ',INODE
                    cond=0.d0
                end if
c     check PPFLAG, if on, alpha defined for each node
                PPFLAG=INT(MNW2(19,iw))
                if(PPFLAG.GT.0) then
                  alpha=MNWNOD(19,INODE)
                else
                  alpha=1.0D0
                end if
              else
c     else this is a vertical well with intervals defined
c        by elevations: process it
c     get first and last interval intersecting this node
                firstint=MNWNOD(12,INODE)
                lastint=MNWNOD(13,INODE)
c     initialize total length of borehole within cell
```

```
          totlength=0.0D0
c   initialize conductance; will be summed for multiple intervals
          cond=0.D0
c   initialize specified conductance; will be summed for multiple
intervals
          CWC=0.D0
          do iint=firstint,lastint
c   length of interval is ztop-zbotm
            ztop=MNWINT(1,iint)
            zbotm=MNWINT(2,iint)
c   check boundaries/saturated thickness
            if(ztop.ge.top) ztop=top
            if(zbotm.le.bot) zbotm=bot
            if(ztop.gt.zbotm) then
              lengthint=ztop-zbotm
            else
              lengthint=0.D0
            end if
c   calculate total length of borehole within cell
            totlength=totlength+lengthint
            if(LOSSTYPE.EQ.4) then
              if(totlength.gt.0D0) then
                lengthratio=lengthint/totlength
                CWC = CWC + lengthratio*(MNWINT(11,iint))
              end if
            else
c   calculate weighting ratio based on full thickness of node
              ratio=lengthint/thck
c   maximum ratio is 1.0
              if(ratio.gt.1.d0) ratio=1.d0
c   use length-weighted ratios for each interval to determine CWC of that
interval
              if(ratio.gt.0.D0) then
                rw = MNWINT(5,iint)
                Rskin = MNWINT(6,iint)
```

```
              Kskin = MNWINT(7,iint)
              B = MNWINT(8,iint)
              Cf = MNWINT(9,iint)
              Ploss = MNWINT(10,iint)
c  calculate cond, weight it by length in cell (*ratio) and sum to get
effective CWC
              cond = cond + ratio*(cel2wel2(LOSSTYPE,Txx,Tyy,dx,
     &            dy,rw,Rskin,Kskin,B,Cf,PLoss,thck,Qact,
     &            WELLID(iw),Skin))
c    check cond<0, reset to 0 and print warning
            if(cond.lt.0.d0) then
              write(iout,*) '***WARNING*** CWC<0 reset to CWC=0'
              write(iout,*) 'In Well ',WELLID(iw),' Node ',INODE
              cond=0.d0
            end if
               end if
             end if
             end do
c-LFK
            if(LOSSTYPE.EQ.4) cond=cwc
c   calculate alpha for partial penetration effect if PPFLAG is on
            PPFLAG=INT(MNW2(19,iw))
            if(PPFLAG.GT.0) then
             alpha=totlength/(thck)
            if(alpha.gt.0.99.and.alpha.lt.1.0) then
              if (MNWPRNT.gt.1.and.kiter.eq.1) then
              nd=INODE-firstnode+1
              write(iout,*) 'Penetration fraction > 0.99 for node ',
     & nd,' of well ',wellid(iw)
              write(iout,*) 'Value reset to 1.0 for this well'
              end if
              alpha=1.0
             end if
            else
             alpha=1.0
```

```
                end if
                end if
c      Correct conductance calculation for partial penetration effect
c      prepare variables for partial penetration calculation
c             only do partial penetration effect if PP>0 and alpha <1.0
             PPFLAG=INT(MNW2(19,iw))
             IF(PPFLAG.GT.0.and.alpha.lt.1.D0) then
c  use saved partial penetration effect if steady state and past 1st iter
                if(ISS.eq.1.and.kiter.gt.1) then
                  dhp=MNWNOD(18,INODE)
                else
c      if transient, update dhp
                  T = (Txx*Tyy)**0.5D0
                  Kh = T/thck
                  QQ=Qact*(-1.D0)
                  Kz=MNWNOD(33,INODE)
                  SS=MNWNOD(34,INODE)/(thck*dx*dy)
c      determine location of well screen in cell
c      only calculate this once for each well, then save topscreen and
       bottomscreen
c      topscreen (MNWNOD(20) is flagged as 1d30 until it is set
                  if(MNWNOD(20,INODE).eq.1d30) then
c          if a vertical well
                    if(NNODES.LT.0) then
c      if firstint=lastint for this node, it is the only interval, so use exact
c      location of borehole for analytical calculation
                      if(firstint.eq.lastint ) then
                        topscreen=ztop
                        bottomscreen=ztop-totlength
c      if multiple screens in a confined (constant thck) cell, assume in middle
c      (calculation: from the top, go down 1/2 the amount of "unscreened"
       aquifer
                      else
                        IF(LAYHDT(IZ).EQ.0) then
                          topscreen=top-((thck-totlength)/2)
```

```
                bottomscreen=topscreen-totlength
c    if multiple screens in an unconfined (WT) cell, assume at bottom
     of last screen
                else
c    (zbotm works here as it is the last thing set in the interval loop above)
                topscreen=zbotm+totlength
                bottomscreen=zbotm
              end if
            end if
c           save top and bottom of screen
            MNWNOD(20,INODE)=topscreen
            MNWNOD(21,INODE)=bottomscreen
c           else if not a vertical well
            else
c           alpha specified; calculate length of screen
            totlength=thck*alpha
c           if confined (constant thck), assume borehole in middle
            IF(LAYHDT(IZ).EQ.0) then
              topscreen=top-((thck-totlength)/2)
              bottomscreen=topscreen-totlength
c           if unconfined, assume borehole at bottom of cell
              else
              topscreen=bot+totlength
              bottomscreen=bot
              end if
c           save top and bottom of screen
            MNWNOD(20,INODE)=topscreen
            MNWNOD(21,INODE)=bottomscreen

            end if
c           if topscreen and bottomscreen have been calculated, retrieve them
              else
              topscreen=MNWNOD(20,INODE)
              bottomscreen=MNWNOD(21,INODE)
              end if
c from top and bottom of screen info, calculate ZPD and ZPL for PPC routine
```

```
                ZPD=top-topscreen
                ZPL=top-bottomscreen
c if ZPD is less that zero, the screen is at the "top", so set ZPD=0
                if(ZPD.lt.0.D0) ZPD=0.D0
c calculate dhp (Delta-H due to Penetration) using analytical solution
                CALL PPC(dhp,ISOLNFLAG,thck,Kh,Kz,SS,QQ,rw,ZPD,ZPL)
c  if analyitcal solution failed, report no partial penetration and set dhp=0.0
                if(ISOLNFLAG.EQ.0.AND.ITFLAG.GT.0.and.QQ.ne.0.D0) then
c  if alpha <= 0.2, shut well off if PPC did not converge
                if(alpha.lt.0.2) then
                  if (MNWPRNT.gt.1) then
                  nd=INODE-firstnode+1
                  write(iout,*) 'Partial penetration solution did not
     & converge; penetration fraction < 0.2,      resetting CWC= 0.0 for
     & node '
     & ,nd,' of well ',wellid(iw)
                  end if
                  cond=0.0
                else
c  if alpha > 0.2, set PPC effect = 0 if did not converge
                  if (MNWPRNT.gt.1) then
                  nd=INODE-firstnode+1
                  write(iout,*) 'Partial penetration solution did not
     & converge; penetration fraction > 0.2,      assume full
     & penetration for
     & node ',nd,' of well ',wellid(iw)
                  end if
                  dhp=0.0
                end if
              end if
c store partial penetration effect (dhp)
              MNWNOD(18,INODE)=dhp
            end if
c            end if recalc dhp
c  correct partially penetrating node-defined cells by ratio of
```

```
screenlength/satthck
            if(NNODES.GT.0) then
              ratio=(topscreen-bottomscreen)/thck
              cond=cond*ratio
            end if
c  re-calculate conductance to include partial penetration
c    calculate dpp (partial penetration effect with specific Q) if Q and
dhp "align" correctly
c    eg if removing water (Q<0), dhp should be positive
c    (dhp>0 signifies drawdown).  Q is either <> 0 so no div 0 problem
            if(ITFLAG.EQ.1.
   &            .AND.(Qact.lt.0.D0.AND.dhp.gt.0.D0)
   &            .OR.(Qact.gt.0.D0.AND.dhp.lt.0.D0)) then
              dpp=dhp/(Qact*(-1.D0))
              if(cond.gt.0.0) then
               ABC=1/cond
               ABCD=ABC+dpp
               cond=1/ABCD
              end if
            else if (ITFLAG.EQ.1.and.Qact.ne.0.d0) then
              dpp=0.d0
              write(iout,*) '***WARNING*** Partial penetration term
   & (dpp) set to 0.0 due to misalignment of dhp= ',dhp,' and Q=',Qact
            end if
           end if
c          end if PP effect
        end if
c       end if LOSSTYP EQ 4 and NNODES GT 0
c     Save conductance of each node
      MNWNOD(14,INODE) = cond
c     end if irecalc=1
      else
c     if irecalc=0, use saved cond
       cond= MNWNOD(14,INODE)
      end if
```

```
c       output node info
c  if more than one interval made up this node, write composite
         if(MNWNOD(12,INODE).ne.MNWNOD(13,INODE)) then
           ctext='COMPOSITE'
         else
           ctext='        '
         end if
c only write screen info for cells that have partial penetration
         if(ipr.eq.1) then
           PPFLAG=INT(MNW2(19,iw))
           if(PPFLAG.GT.0.and.alpha.lt.1.0D0) then
            if(LOSSTYPE.eq.2) then
             write(iout,'(A15,I3,1P7G12.5,1PG12.4,9A)')
    & WELLID(iw),nod,cond,
    & top,bot,topscreen,bottomscreen,alpha,Skin,B,ctext
            else
             write(iout,'(A15,I3,1P6G12.5,12A,12A,9A)')
    & WELLID(iw),nod,cond,
    & top,bot,topscreen,bottomscreen,alpha,'    N/A    ',
    & '    N/A    ',ctext
            end if
           else
c for no partial penetration, just repeat top and bot of layer
            if(LOSSTYPE.eq.2) then
             write(iout,'(A15,I3,1P7G12.5,1PG12.4,9A)')
    & WELLID(iw),nod,cond,
    & top,bot,top,bot,alpha,Skin,B,ctext
            else
             write(iout,'(A15,I3,1P6G12.5,12A,12A,9A)')
    & WELLID(iw),nod,cond,
    & top,bot,top,bot,alpha,'    N/A    ',
    & '    N/A    ',ctext
            end if
           end if
         end if
```

```
      end do
c     end do loop over nodes
      end if
c     end if horizontal well check
      end if
c     end if active node
    end do
c   end do loop over wells
c
c   write note about CWC values
c   if transient, by kiter=1 , if not, by tstep=1
    if(ipr.eq.1) then
    write(iout,'(120A)') '* Cell-to-well conductance values (CWC) may
   &change during the course of a stress period'
    write(iout,*)
    end if
c
    return
    end
    DOUBLE PRECISION function cel2wel2(LOSSTYPE,Txx,Tyy,dx,dy,
   &                rw,Rskin,Kskin,B,Cf,PLoss,thck,Q,WELLNAME,Skin)
C
C   VERSION 20030327 KJH      -- Patched Hyd.K term in LPF solution
C   VERSION 20090405 GZH      -- MNW2
c----- MNW1 by K.J. Halford
c
********************************************************************
c   Compute conductance term to define head loss from cell to wellbore
c     Methodology is described in full by Peaceman (1983)
********************************************************************
C      SPECIFICATIONS:
    USE GLOBAL,       ONLY:IOUT
    USE GWFBASMODULE, ONLY:TOTIM
    IMPLICIT NONE
    CHARACTER*20 WELLNAME
```

```
      INTEGER LOSSTYPE
      DOUBLE PRECISION
pi,verysmall,rw,Txx,Tyy,yx4,xy4,ro,dx,dy,Tpi2,A,
    & Ploss,B,Rskin,Kskin,C,Cf,Q,thck,T,Tskin,Skin
     pi = 3.1415926535897932D0
     verysmall = 1.D-25
     if( rw.lt.verysmall .or. Txx.lt.verysmall .or. Tyy.lt.verysmall )
    &  then
        cel2wel2 = ( Txx * Tyy )** 0.5D0
     else
!以下为新增加程序2010.5.8(by xu zengguang)
         if(TOTIM.LE.26)then
         Txx=10.8*(0.91007762-0.0061897295*TOTIM)
        else
         Txx=10.8*(0.72436707-497.41973
    &                     *exp(-143727.9*TOTIM**(-2.6158842)))

         end if
!
if(totim.eq.1.or.totim.eq.26.or.totim.eq.27.or.totim.eq.42)then
!       if(totim.eq.1)then
!     print*,totim,txx
!     end if
      Tyy=Txx
!  此处的Txx,Tyy为渗透系数
       Tpi2 = 2.D0*pi*thck*(Txx*Tyy)**0.5D0
!***************************************
      yx4 = (Tyy/Txx)**0.25D0
      xy4 = (Txx/Tyy)**0.25D0
      ro = 0.28D0 *((yx4*dx)**2 +(xy4*dy)**2)**0.5D0 / (yx4+xy4)
!     Tpi2 = 2.D0*pi*(Txx*Tyy)**0.5D0
c       if ro/rw is <1, 'A' term will be negative.  Warn user and cut off
flow from this node
       if (ro/rw.lt.1.D0) then
        write(iout,*)
    &      '       Ro/Rw = ',Ro/Rw,
```

```
      &         '***WARNING*** Ro/Rw < 1, CWC set = 0.0 for well ',WELLNAME
              cel2wel2 = 0.D0
              GOTO 888
            end if
            A = log(ro/rw) / Tpi2
c       For the "NONE" option, multiply the Kh by 1000 to equivalate Hnew
and hwell
            if(LOSSTYPE.EQ.0) then
              cel2wel2=1.0D3*((Txx*Tyy)**0.5D0)/thck
c       THEIM option (LOSSTYPE.EQ.1) only needs A, so no need to calculate
B or C
c       SKIN (LINEAR) option, calculate B, C=0
            elseif(LOSSTYPE.EQ.2) then
c          average T in aquifer assumed to be sqrt of Txx*Tyy
            T = (Txx*Tyy)**0.5D0
            Tskin = Kskin*thck
            if(Tskin.gt.0.D0.and.rw.gt.0.D0) then
c          this is from eqs 3 and 5 in orig MNW report
              Skin = ((T/Tskin)-1)*(DLOG(Rskin/rw))
              B = Skin / Tpi2
            else
              B = 0.D0
            end if
            C = 0.D0
c       GENERAL option, calculate B and C
            else if (LOSSTYPE.EQ.3) then
              if(Cf.NE.0.0) then
                C = Cf * abs(Q)**(PLoss-1)
              else
                C = 0.D0
              end if
            else
              B = 0.D0
              C = 0.D0
            end if
```

```
      cel2wel2 = A + B + C
      cel2wel2 = 1.000000D0 / cel2wel2
    end if
888  return
    end
c-----------------------------------------------------------------
    SUBROUTINE MNW2HORIZ(IGRID,LOSSTYPE,NNODES,firstnode,lastnode,
   & IW,kstp,kper,ipr,alpha)
C
*****************************************************************
    USE GLOBAL,        ONLY:IOUT,NCOL,NROW,NLAY,NBOTM,LBOTM,BOTM,
   1                        IBOUND,LAYCBD,DELR,DELC,LAYHDT,
   2                        HNEW
    USE GWFMNW2MODULE, ONLY:NMNW2,MNWMAX,NMNWVL,IWL2CB,MNWPRNT,
   1                        NODTOT,INTTOT,MNWAUX,MNW2,MNWNOD,MNWINT,
   2                        CapTable,SMALL,WELLID
C
-----------------------------------------------------------------
    ALLOCATABLE ivert1(:),ivert2(:),zseg1(:),zseg2(:)
    INTEGER Wellflag,QSUMflag,BYNDflag
    INTEGER L1,R1,C1,L2,R2,C2,L,R,C,
   & firstnode,lastnode
    REAL
   & x1face1,x1face2,y1face1,y1face2,z1face1,z1face2,
   & x1face,y1face,z1face,
   & x2face1,x2face2,y2face1,y2face2,z2face1,z2face2,
   & x2face,y2face,z2face,
   & m,lxf,lyf,lzf,lbf,
   & zwt,ywt,xwt,
   & zi,yi,xi,zi2,yi2,xi2,t1,b1
    DOUBLE PRECISION z1,y1,x1,z2,y2,x2,top1,bot1,top2,bot2,
   & betweennodes,omega_opp,omega,theta_opp,theta_hyp,
   & theta,thck1,thck2,lw,cel2wel2SEG,dx1,dx2,dy1,dy2,
   & cel2wel2,alpha,T,Kh,Kz,Txx1,Tyy1
    DOUBLE PRECISION
```

```
      & Txx,Tyy,rw,Rskin,Kskin,B,Cf,PLoss,Qact,cond1,cond2,cond,Skin
        DOUBLE PRECISION dgr_to_rad,pi
        ALLOCATE(ivert1(NODTOT),ivert2(NODTOT),zseg1(NODTOT),
      & zseg2(NODTOT))
c convert degree trig func modified from http://techpubs.sgi.com
        pi = 3.1415926535897932D0
        dgr_to_rad = (pi/180.D0)
c       compute borehole length and screen orientation
c
c       compute length associated with each section
c
c       compute CWC for each node
c
c   Initialize flags
        ivert1=0
        ivert2=0
C-LFK
        ZSEG1=0.0
        ZSEG2=0.0
c   Loop over "segments"
          do INODE=firstnode,lastnode-1
            nod=INODE-firstnode+1
c   Initialize flags
            is_intersection=0
c   Define node and next node
            L1=MNWNOD(1,INODE)
            R1=MNWNOD(2,INODE)
            C1=MNWNOD(3,INODE)
            L2=MNWNOD(1,INODE+1)
            R2=MNWNOD(2,INODE+1)
            C2=MNWNOD(3,INODE+1)
            dx1=DELR(C1)
            dx2=DELR(C2)
            dy1=DELC(R1)
            dy2=DELC(R2)
```

```
C     convert to real coodinates
      x1=0
      do C=1,C1-1
        x1=x1+DELR(C)
      end do
      x1=x1+0.5D0*DELR(C1)
      x2=0
      do C=1,C2-1
        x2=x2+DELR(C)
      end do
      x2=x2+0.5D0*DELR(C2)
      y1=0
      do R=1,R1-1
        y1=y1+DELC(R)
      end do
      y1=y1+0.5D0*DELC(R1)
      y2=0
      do R=1,R2-1
        y2=y2+DELC(R)
      end do
      y2=y2+0.5D0*DELC(R2)
      if(LAYHDT(L1).EQ.0) then
c if confined (THICKNESS IS NOT HEAD-DEPENDENT), don't use hnew=top
        top1=BOTM(C1,R1,LBOTM(L1)-1)
      else
       top1 = hnew(C1,R1,L1)
       if(top1.gt.(BOTM(C1,R1,LBOTM(L1)-1)))
     &      top1=BOTM(C1,R1,LBOTM(L1)-1)
      end if
      bot1 = BOTM(C1,R1,LBOTM(L1))
      thck1 = (top1-bot1)/2.d0
      z1 = 0.5D0*(top1+bot1)
      if(LAYHDT(L2).EQ.0) then
c if confined (THICKNESS IS NOT HEAD-DEPENDENT), don't use hnew=top
        top2=BOTM(C2,R2,LBOTM(L2)-1)
```

```
        else
         top2 = hnew(C2,R2,L2)
         if(top2.gt.(BOTM(C2,R2,LBOTM(L2)-1)))
    &       top2=BOTM(C2,R2,LBOTM(L2)-1)
        end if
        bot2 = BOTM(C2,R2,LBOTM(L2))
        thck2 = (top2-bot2)/2.d0
        z2 = 0.5D0*(top2+bot2)
c   save z coords as we don't want z screen elevations to change for WT cases
c
        if(kstp.eq.1.and.kper.eq.1) then
          MNWNOD(26,INODE)=z1
          MNWNOD(26,INODE+1)=z2
        else
          z1=MNWNOD(26,INODE)
          z2=MNWNOD(26,INODE+1)
        end if
c    caculate distance between nodes
      betweennodes=SQRT(((x1-x2)**2)+((y1-y2)**2)+((z1-z2)**2))
c    estimate length of borehole segments
c    in first node, use vertical section up to top or WT for segment 1
      if(INODE.eq.1) then
        MNWNOD(23,INODE)=0.D0
        if(z1.lt.top1) MNWNOD(23,INODE)=top1-z1
        ivert1(INODE)=1
      end if
c    if this is a vertical segment, define lengths with elevations, skip
    other calc
      if(x1.eq.x2.and.y1.eq.y2) then
        if(top1.le.bot1) MNWNOD(24,INODE)=0.D0
        if(z1.gt.top1) then
          MNWNOD(24,INODE)=top1-bot1
        else
          MNWNOD(24,INODE)=z1-bot1
        end if
```

```
        MNWNOD(23,INODE+1)=top2-z2
c  if blank spaces inbetween, save that length
        if(bot1.ne.top2) MNWNOD(25,INODE)=bot1-top2
        ivert2(INODE)=1
        ivert1(INODE+1)=1
c     if not vertical, calculate theta and omega for segment
      else
      if(z1.eq.z2) then
C-LFK         omega=0.d0
      omega=90.d0
      else if(z1.gt.z2) then
c-lfk         omega_opp=SQRT(((x1-x2)**2)+((y1-y2)**2))
c-lfk         omega=DASIN((dgr_to_rad * omega_opp)/betweennodes)
      omega=acos((z1-z2)/betweennodes)/dgr_to_rad
      else
      omega=asin((z2-z1)/betweennodes)/dgr_to_rad+90.0
c-lfk         omega=dasind(dabs(z2-z1)/betweennodes)+90.0
c-lfk
      write(iout,*) 'Note: z2>z1 & distal part of well is shallower.'
      end if
      MNWNOD(28,INODE)=omega
      theta_opp=dabs(y2-y1)
      theta_hyp=SQRT(((x1-x2)**2)+((y1-y2)**2))
c-lfk     theta=DASIN((dgr_to_rad * theta_opp)/(dgr_to_rad *
theta_hyp))
      theta=ASIN((theta_opp)/(theta_hyp))/dgr_to_rad
c     correct for right quadrant
      if(y2.ge.y1) then
        if(x2.ge.x1) then
          theta=360.D0-theta
        else if (x2.le.x1) then
!          theta=270.D0-theta  !此行程序为源程序
          theta=180.D0+theta   !此行为修改后程序 2010.5.8(by xu zengguang)
        end if
      else if (y2.le.y1) then
```

```
         if (x2.le.x1) then
            theta=180.D0-theta
         end if
      end if
      MNWNOD(29,INODE)=theta
c   define first cell's limits to test for first intersection
c   only for nonvertical sections
            x1face1=x1-0.5D0*DELR(C1)
            x1face2=x1+0.5D0*DELR(C1)
            y1face1=y1-0.5D0*DELC(R1)
            y1face2=y1+0.5D0*DELC(R1)

z1face1=z1-0.5D0*(BOTM(C1,R1,LBOTM(L1)-1)-BOTM(C1,R1,LBOTM(L1)))

z1face2=z1+0.5D0*(BOTM(C1,R1,LBOTM(L1)-1)-BOTM(C1,R1,LBOTM(L1)))
c   define possible face of intersection in x direction, first cell
            if(x2.gt.x1) then
               x1face=x1face2
            else if(x2.lt.x1) then
               x1face=x1face1
            else
               x1face=0
            end if
c   define possible face of intersection in y direction, first cell
            if(y2.gt.y1) then
               y1face=y1face2
            else if(y2.lt.y1) then
               y1face=y1face1
            else
               y1face=0
            end if
c   define possible face of intersection in z direction, first cell
            if(z2.gt.z1) then
               z1face=z1face2
            else if(z2.lt.z1) then
```

```
            z1face=z1face1
        else
            z1face=0
        end if
c   define second cell's limits to test for last intersection
            x2face1=x2-0.5D0*DELR(C2)
            x2face2=x2+0.5D0*DELR(C2)
            y2face1=y2-0.5D0*DELC(R2)
            y2face2=y2+0.5D0*DELC(R2)

z2face1=z2-0.5D0*(BOTM(C2,R2,LBOTM(L2)-1)-BOTM(C2,R2,LBOTM(L2)))

z2face2=z2+0.5D0*(BOTM(C2,R2,LBOTM(L2)-1)-BOTM(C2,R2,LBOTM(L2)))
c   define possible face of intersection in x direction, second cell
        if(x2.gt.x1) then
            x2face=x2face1
        else if(x2.lt.x1) then
            x2face=x2face2
        else
            x2face=0
        end if
c   define possible face of intersection in y direction, second cell
        if(y2.gt.y1) then
            y2face=y2face1
        else if(y2.lt.y1) then
            y2face=y2face2
        else
            y2face=0
        end if
c   define possible face of intersection in z direction, second cell
        if(z2.gt.z1) then
            z2face=z2face1
        else if(z2.lt.z1) then
            z2face=z2face2
        else
```

```
      z2face=0
    end if
c  if 1st z-coord is greater than the WT, start from intersection with WT
C-LFK       if(z1.gt.HNEW(C1,R1,L1)) then
      if(z1.gt.HNEW(C1,R1,L1).and.layhdt(L1).NE.0) then
        zwt=HNEW(C1,R1,L1)
c  at wt face, determine intersection with line segment
c-lfk
        if ((z2-z1).eq.0.0) then
         m=0.0
        else
          m=(zwt-z1)/(z2-z1)
        end if
        xwt=x1+m*(x2-x1)
        ywt=y1+m*(y2-y1)
c  redefine 1st point
        x1=xwt
        y1=ywt
        z1=zwt
       end if
c  at x face, determine intersection with line segment
c  xi=intersection point for x face
c  m is "slope" in parameterization of 3d line segment,
c    define m for known x (at the face) and then use that m to solve for
c    other coordinates to give point of intersection
c  xi=x1 + (x2-x1)*m
c  xi-x1/(x2-x1)=m
! 以下为修改后程序! 2010.5.14(by xu zengguang)
        is_intersection=0
        idone=0
        if(x1face.ne.0) then
!        is_intersection=0
!        idone=0    此两行为源程序版本
        m=(x1face-x1)/(x2-x1)
        yi=y1+m*(y2-y1)
```

```
      zi=z1+m*(z2-z1)
      if(yi.ge.y1face1.and.yi.le.y1face2.and.
 &       zi.ge.z1face1.and.zi.le.z1face2) then
c     if x1face intersection point lies within cell, this is exit point
        xi=x1face
        lxf=SQRT(((x1-xi)**2)+((y1-yi)**2)+((z1-zi)**2))
        MNWNOD(24,INODE)=lxf
        is_intersection=1
      end if
c     if exit point is on boundary with second cell, done with both segments
      if(is_intersection.eq.1) then
        if(x2face.eq.xi) then
          lxf=SQRT(((x2-xi)**2)+((y2-yi)**2)+((z2-zi)**2))
          MNWNOD(23,INODE+1)=lxf
          idone=1
        end if
      end if
      else
        lxf=0.d0
      end if
c  at y face, determine intersection with line segment
      if(y1face.ne.0) then
      m=(y1face-y1)/(y2-y1)
      xi=x1+m*(x2-x1)
      zi=z1+m*(z2-z1)
      if(xi.ge.x1face1.and.xi.le.x1face2.and.
 &       zi.ge.z1face1.and.zi.le.z1face2) then
c     if yface intersection point lies within cell, this is exit point
        yi=y1face
        lyf=SQRT(((x1-xi)**2)+((y1-yi)**2)+((z1-zi)**2))
        MNWNOD(24,INODE)=lyf
        is_intersection=1
      end if
c     if exit point is on boundary with second cell, done with both segments
      if(is_intersection.eq.1) then
```

```
      if(y2face.eq.yi) then
        lyf=SQRT(((x2-xi)**2)+((y2-yi)**2)+((z2-zi)**2))
        MNWNOD(23,INODE+1)=lyf
        idone=1
      end if
    end if
    else
      lyf=0.d0
    end if
c   at z face, determine intersection with line segment
      if(z1face.ne.0) then
      m=(z1face-z1)/(z2-z1)
      xi=x1+m*(x2-x1)
      yi=y1+m*(y2-y1)
      if(xi.ge.x1face1.and.xi.le.x1face2.and.
     &      yi.ge.y1face1.and.yi.le.y1face2) then
c       if zface intersection point lies within cell, this is exit point
        zi=z1face
        lzf=SQRT(((x1-xi)**2)+((y1-yi)**2)+((z1-zi)**2))
        MNWNOD(24,INODE)=lzf
        is_intersection=1
      end if
c       if exit point is on boundary with second cell, done with both segments
      if(is_intersection.eq.1) then
        if(z2face.eq.zi) then
          lzf=SQRT(((x2-xi)**2)+((y2-yi)**2)+((z2-zi)**2))
          MNWNOD(23,INODE+1)=lzf
          idone=1
        end if
      end if
      else
        lzf=0.d0
      end if
c   if idone still=0, then there are blank spaces inbetween nodes.  Calculate
c   length of that segment by getting intersection out of last node
```

```
          if(idone.eq.0) then
            is_intersection=0
c   at x face, determine intersection with line segment
            if(x2face.ne.0) then
            m=(x2face-x2)/(x2-x1)
            yi2=y2+m*(y2-y1)
            zi2=z2+m*(z2-z1)
            if(yi2.ge.y2face1.and.yi2.le.y2face2.and.
     &        zi2.ge.z2face1.and.zi2.le.z2face2) then
c       if x2face intersection point lies within cell, this is exit point
            xi2=x2face
            lxf=SQRT(((x2-xi2)**2)+((y2-yi2)**2)+((z2-zi2)**2))
            MNWNOD(23,INODE+1)=lxf
            is_intersection=1
            end if
            else
            lxf=0.d0
            end if
c   at y face, determine intersection with line segment
            if(y2face.ne.0) then
            m=(y2face-y2)/(y2-y1)
            xi2=x2+m*(x2-x1)
            zi2=z2+m*(z2-z1)
            if(xi2.ge.x2face1.and.xi2.le.x2face2.and.
     &        zi2.ge.z2face1.and.zi2.le.z2face2) then
c       if y2face intersection point lies within cell, this is exit point
            yi2=y2face
            lyf=SQRT(((x2-xi2)**2)+((y2-yi2)**2)+((z2-zi2)**2))
            MNWNOD(23,INODE+1)=lyf
            is_intersection=1
            end if
            else
            lyf=0.d0
            end if
c   at z face, determine intersection with line segment
```

```
            if(z2face.ne.0) then
            m=(z2face-z2)/(z2-z1)
            xi2=x2+m*(x2-x1)
            yi2=y2+m*(y2-y1)
            if(xi2.ge.x2face1.and.xi2.le.x2face2.and.
     &         yi2.ge.y2face1.and.yi2.le.y2face2) then
c        if z2face intersection point lies within cell, this is exit point
            zi2=z2face
            lzf=SQRT(((x2-xi2)**2)+((y2-yi2)**2)+((z2-zi2)**2))
            MNWNOD(23,INODE+1)=lzf
            is_intersection=1
            end if
            else
            lzf=0.d0
            end if
c  now that we have both node exit intersection points, blank distance
is betweem
c  them.  Save in MNWNOD(25) of the first node between them
            lbf=SQRT(((xi-xi2)**2)+((yi-yi2)**2)+((zi-zi2)**2))
            MNWNOD(25,INODE)=lbf
          end if
C-LFK   Set vertical elev. limits for nonvertical segments
        if (ivert1(inode).eq.0) then
          zseg1(inode)=zseg2(inode-1)
        end if
        if (ivert2(inode).eq.0) then
          zseg2(inode)=zi
          zseg1(inode+1)=zi
        end if
c
c  For last segment, continue the line to the exit intersection of the
last cell
c  Define possible face of intersection in x direction, second cell
        if(INODE.eq.(lastnode-1)) then
          if(x2.gt.x1) then
```

```
           x2face=x2face2
        else if(x2.lt.x1) then
           x2face=x2face1
        else
           x2face=0
        end if
c   define possible face of intersection in y direction, second cell
        if(y2.gt.y1) then
           y2face=y2face2
        else if(y2.lt.y1) then
           y2face=y2face1
        else
           y2face=0
        end if
c   define possible face of intersection in z direction, second cell
        if(z2.gt.z1) then
           z2face=z2face2
        else if(z2.lt.z1) then
           z2face=z2face1
        else
           z2face=0
        end if
        if(x2face.ne.0) then
        m=(x2face-x2)/(x2-x1)
        yi=y2+m*(y2-y1)
        zi=z2+m*(z2-z1)
        if(yi.ge.y2face1.and.yi.le.y2face2.and.
     &     zi.ge.z2face1.and.zi.le.z2face2) then
c      if x2face intersection point lies within cell, this is exit point
           xi=x2face
           lxf=SQRT(((x2-xi)**2)+((y2-yi)**2)+((z2-zi)**2))
           MNWNOD(24,INODE+1)=lxf
        end if
        else
           lxf=0.d0
```

```
          end if
c
c   at y face, determine intersection with line segment
          if(y2face.ne.0) then
          m=(y2face-y2)/(y2-y1)
          xi=x2+m*(x2-x1)
          zi=z2+m*(z2-z1)
          if(xi.ge.x2face1.and.xi.le.x2face2.and.
     &        zi.ge.z2face1.and.zi.le.z2face2) then
c       if yface intersection point lies within cell, this is exit point
             yi=y2face
             lyf=SQRT(((x2-xi)**2)+((y2-yi)**2)+((z2-zi)**2))
             MNWNOD(24,INODE+1)=lyf
          end if
          else
            lyf=0.d0
          end if
c   at z face, determine intersection with line segment
          if(z2face.ne.0) then
          m=(z2face-z2)/(z2-z1)
          xi=x2+m*(x2-x1)
          yi=y2+m*(y2-y1)
          if(xi.ge.x2face1.and.xi.le.x2face2.and.
     &        yi.ge.y2face1.and.yi.le.y2face2) then
c       if zface intersection point lies within cell, this is exit point
             zi=z2face
             lzf=SQRT(((x2-xi)**2)+((y2-yi)**2)+((z2-zi)**2))
C-LFK            MNWNOD(24,INODE+1)=lyf
             MNWNOD(24,INODE+1)=lzf
          end if
          else
            lzf=0.d0
          end if
C-LFK   Set vertical elev. limit for final nonvertical segment
          if(ivert2(inode+1).eq.0) then
```

```
C            write(iout,*) 'ivert(inode+1).eq.0'
             zseg2(inode+1)=zi
          end if
        end if
      end if
      lw=MNWNOD(23,INODE)
      if (lw.gt.0.D0) then
          Txx = MNWNOD(16,INODE)
          Tyy = MNWNOD(17,INODE)
          Txx1 = Txx*0.5d0
          Tyy1 = Tyy*0.5d0
          rw  = MNWNOD(5,INODE)
          Rskin = MNWNOD(6,INODE)
          Kskin = MNWNOD(7,INODE)
          B = MNWNOD(8,INODE)
          Cf = MNWNOD(9,INODE)
          PLoss = MNWNOD(10,INODE)
          Qact = MNWNOD(4,INODE)
c    compute conductance term for segment
          if(ivert1(INODE).eq.0) then
            Kz=MNWNOD(33,INODE)
!           cond1 = cel2wel2SEG(lw,theta,omega,LOSSTYPE,
!     &          Txx,Tyy,dx1,dy1,rw,Rskin,Kskin,B,Cf,PLoss,thck1,Qact,
!     &          WELLID(iw),Kz)
```
!以下为新增加程序 2010.5.9(by xu zengguang)
```
          txx=txx/thck1
          tyy=tyy/thck1
          kz=(txx*tyy)**0.5D0
          cond1=2*pi*rw*lw*kz/(thck1-rw)
```
! 其中的渗透距离暂用 thck1-rw 代替
```
c   if a vertical segment, use original function
        else
          cond1 = cel2wel2(LOSSTYPE,Txx1,Tyy1,dx1,dy1,
     &            rw,Rskin,Kskin,B,Cf,PLoss,thck1,Qact,
     &            WELLID(iw),Skin)
```

```
          end if
      else
          cond1=0.D0
      end if
      MNWNOD(30,INODE)=cond1
c calculate CWC of second segment of node
      lw=MNWNOD(24,INODE)
      if(lw.gt.0D0) then
          Txx = MNWNOD(16,INODE)
          Tyy = MNWNOD(17,INODE)
          Txx1 = Txx*0.5d0
          Tyy1 = Tyy*0.5d0
          rw  = MNWNOD(5,INODE)
          Rskin = MNWNOD(6,INODE)
          Kskin = MNWNOD(7,INODE)
          B = MNWNOD(8,INODE)
          Cf = MNWNOD(9,INODE)
          PLoss = MNWNOD(10,INODE)
          Qact = MNWNOD(4,INODE)
c    compute conductance term for segment
          if(ivert2(INODE).eq.0) then
             Kz=MNWNOD(33,INODE)
!            cond2 = cel2wel2SEG(lw,theta,omega,LOSSTYPE,
!     &         Txx,Tyy,dx1,dy1,rw,Rskin,Kskin,B,Cf,PLoss,thck1,Qact,
!     &         WELLID(iw),Kz)
!以下为新增加程序2010.5.9(by xu zengguang)
             txx=txx/thck1
             tyy=tyy/thck1
             kz=(txx*tyy)**0.5D0
             cond2=2*pi*rw*lw*kz/(thck1-rw)
             ! 其中的渗透距离暂用thck1-rw代替
!********************************************
c    if a vertical segment, use original function
          else
             cond2 = cel2wel2(LOSSTYPE,Txx1,Tyy1,dx1,dy1,
```

```
     &                      rw,Rskin,Kskin,B,Cf,PLoss,thck1,Qact,
     &                      WELLID(iw),Skin)
        end if
      else
         cond2=0.D0
      end if
      MNWNOD(31,INODE)=cond2
c sum cond for cell to get resultant CWC for node
      cond=cond1+cond2
c     Save conductance of each node
      MNWNOD(14,INODE) = cond
      if(ipr.eq.1) then
        t1=top1
        b1=bot1
        if (ivert1(inode).eq.0) t1=zseg1(inode)
        if (ivert2(inode).eq.0) b1=zseg2(inode)
       write(iout,'(A15,I3,1P6G12.5,9A)') WELLID(iw),nod,cond,
     & top1,bot1,t1,b1,alpha,'             '
      end if
c process last node separately
      if(INODE.EQ.lastnode-1) then
c calculate CWC of first segment in node
      lw=MNWNOD(23,INODE+1)
      if (lw.gt.0.D0) then
          Txx = MNWNOD(16,INODE+1)
          Tyy = MNWNOD(17,INODE+1)
          Txx1 = Txx*0.5d0
          Tyy1 = Tyy*0.5d0
          rw  = MNWNOD(5,INODE+1)
          Rskin = MNWNOD(6,INODE+1)
          Kskin = MNWNOD(7,INODE+1)
          B = MNWNOD(8,INODE+1)
          Cf = MNWNOD(9,INODE+1)
          PLoss = MNWNOD(10,INODE+1)
          Qact = MNWNOD(4,INODE+1)
```

```fortran
c    compute conductance term for segment
        if(ivert1(INODE+1).eq.0) then
            Kz=MNWNOD(33,INODE)
!            cond1 = cel2wel2SEG(lw,theta,omega,LOSSTYPE,
!     &          Txx,Tyy,dx2,dy2,rw,Rskin,Kskin,B,Cf,PLoss,thck2,Qact,
!     &          WELLID(iw),Kz)
!以下为新增加程序2010.5.9(by xu zengguang)
            txx=txx/thck1
            tyy=tyy/thck1
            kz=(txx*tyy)**0.5D0
            cond1=2*pi*rw*lw*kz/(thck1-rw)
            ! 其中的渗透距离暂用thck1-rw代替
!*********************************************
c    if a vertical segment, use original function
        else
            cond1 = cel2wel2(LOSSTYPE,Txx1,Tyy1,dx2,dy2,
     &               rw,Rskin,Kskin,B,Cf,PLoss,thck2,Qact,
     &               WELLID(iw),Skin)
        end if
      else
        cond1=0.D0
      end if
      MNWNOD(30,INODE+1)=cond1
c calculate CWC of second segment of node
c it is the same as the other segment in this node
      MNWNOD(24,INODE+1)=MNWNOD(23,INODE+1)
      cond2=cond1
      MNWNOD(31,INODE+1)=cond2
c sum cond for cell to get resultant CWC for node
      cond=cond1+cond2
c    Save conductance of each node
      MNWNOD(14,INODE+1) = cond
      if(ipr.eq.1) then
        t1=top2
        b1=bot2
```

```
      if (ivert1(inode+1).eq.0) t1=zseg1(inode+1)
      if (ivert2(inode+1).eq.0) b1=zseg2(inode+1)
    write(iout,'(A15,I3,1P6G12.5,9A)') WELLID(iw),nod+1,cond,
   & top2,bot2,t1,b1,alpha,'         '
   end if
   end if
c   end loop over "segments"
   end do
c   print segment info
   if(ipr.eq.1) then
    write(iout,*)
    write(iout,*) 'MNW2 Nonvertical Well:  Segment Information for W
   &ell ',WELLID(IW)
    write(iout,'(A)') 'Node  L  R  C  Segment   Length
   &  DEG.TILT  MAP-ANGLE   CWC-segment'
    do INODE=firstnode,lastnode
      L=MNWNOD(1,INODE)
      R=MNWNOD(2,INODE)
      C=MNWNOD(3,INODE)
c segment 1
      lw=MNWNOD(23,INODE)
      if(inode.gt.1) then
        omega=MNWNOD(28,INODE-1)
        theta=MNWNOD(29,INODE-1)
      else
        omega=0.d0
        theta=0.d0
      end if
      cond1=MNWNOD(30,INODE)
      write(iout,'(4I4,I8,1pG16.6,1p3G12.5)')
   & INODE,L,R,C,1,lw,omega,theta,cond1
c segment 2
      lw=MNWNOD(24,INODE)
      if(inode.lt.lastnode) then
        omega=MNWNOD(28,INODE)
```

```
          theta=MNWNOD(29,INODE)
        else
          omega=MNWNOD(28,INODE-1)
          theta=MNWNOD(29,INODE-1)
        end if
        cond2=MNWNOD(31,INODE)
        write(iout,'(4I4,I8,1pG16.6,1p3G12.5)')
     & INODE,L,R,C,2,lw,omega,theta,cond2
c closed casings
        if(MNWNOD(25,INODE).GT.0) then
          write(iout,'(A,1pG16.6)') '  Closed casing length = ',
     & MNWNOD(25,INODE)
        end if
C
      end do
      write(iout,*)
C-LFK   rewrite header for MNW well conductances if segment info was printed
C       (if there are any more MNW wells)
      if (iw.lt.nmnw2) then
        write(iout,'(120A)') '                              M O D E L
     & L A Y E R    W E L L  S C R E E N  Penetration  SKIN
     & CALCULATED'
        write(iout,'(120A)') 'WELLID        Node    CWC*    top elev
     &bott.elev   top elev   bott.elev   fraction   COEFF.
     &         B'
      end if
c
      end if
      DEALLOCATE(ivert1,ivert2,zseg1,zseg2)
      RETURN
      END
      DOUBLE PRECISION function
cel2wel2SEG(lw,theta,omega,LOSSTYPE,Txx,
     & Tyy,dx,dy,rw,Rskin,Kskin,B,Cf,PLoss,thck,Q,WELLNAME,Kz)
C    VERSION 20030327 KJH       -- Patched Hyd.K term in LPF solution
```

```
C     VERSION 20090405 GZH        -- MNW2
c----- MNW1 by K.J. Halford
c
******************************************************************
c     Compute conductance term to define head loss from cell to wellbore
c       Methodology is described in full by Peaceman (1983)
c
******************************************************************
C       SPECIFICATIONS:
C
------------------------------------------------------------------
      USE GLOBAL,        ONLY:IOUT
      IMPLICIT NONE
      INTEGER LOSSTYPE,i
      CHARACTER*20 WELLNAME
      DOUBLE PRECISION
pi,verysmall,rw,Txx,Tyy,yx4,xy4,ro,dx,dy,Tpi2,A,
c-lfk      & Ploss,B,Rskin,Kskin,C,Cf,Q,thck,T,Tskin,x1,x2,x3,x4,
      & Ploss,B,Rskin,Kskin,C,Cf,Q,thck,T,Tskin,
      & roz,roy,rox,zx4,xz4,zy4,yz4,Az,Ay,Ax,Tpi2z,Tpi2y,Tpi2x,
      & theta,omega,kz,ky,kx,lw,bz,by,bx,clz,cly,clx,CLi,
      & numerator,denom1,denom2,lwz,lwy,lwx,
      & ct,st,cw,sw,omega0
c convert degree trig func modified from http://techpubs.sgi.com
      DOUBLE PRECISION dgr_to_rad
c       dsind = sin(dgr_to_rad * dgr_argument)
c       dcosd = cos(dgr_to_rad * dgr_argument)
c define parameters
c-lfk
      if (omega.gt.90.0) then
        omega0=omega
        omega=180.0-omega
      end if
      pi = 3.1415926535897932D0
      dgr_to_rad = (pi/180.D0)
      verysmall = 1.D-25
```

```
      Kx=Txx/thck
      Ky=Tyy/thck
c    this makes conductance very small
      if( rw.lt.verysmall .or. Txx.lt.verysmall .or. Tyy.lt.verysmall )
   &  then
        cel2wel2SEG = ( Txx * Tyy )** 0.5D0
c       For the "NONE" option, multiply the Kh by 1000 to equivalate Hnew
and hwell
      else if(LOSSTYPE.EQ.0) then
        cel2wel2SEG=1.0D3*((Kx*Ky)**0.5D0)
      else
c    define ro (effective radius) for each direction
        yx4 = (Ky/Kx)**0.25D0
        xy4 = (Kx/Ky)**0.25D0
        roz = 0.28D0 *((yx4*dx)**2 +(xy4*dy)**2)**0.5D0 / (yx4+xy4)
        Tpi2z = 2.D0*pi * thck *(Kx*Ky)**0.5D0
        zx4 = (Kz/Kx)**0.25D0
        xz4 = (Kx/Kz)**0.25D0
        roy = 0.28D0 *((zx4*dx)**2 +(xz4*thck)**2)**0.5D0 / (zx4+xz4)
        Tpi2y = 2.D0*pi * dy * (Kx*Kz)**0.5D0
        yz4 = (Kz/Ky)**0.25D0
        zy4 = (Ky/Kz)**0.25D0
        rox = 0.28D0 *((yz4*dy)**2 +(zy4*thck)**2)**0.5D0 / (yz4+zy4)
        Tpi2x = 2.D0*pi * dx * (Kz*Ky)**0.5D0
c       if ro/rw is <1, 'A' term will be negative.  Warn user and cut off
flow from this node
        if (rox/rw.lt.1.D0.or.roy/rw.lt.1.or.roz/rw.lt.1) then
          write(iout,*)
   &        '      Ro_x/Rw =  ',Rox/Rw,
   &        '      Ro_y/Rw =  ',Roy/Rw,
   &        '      Ro_z/Rw =  ',Roz/Rw,
   &        '***WARNING*** At least one value of Ro/Rw < 1,
   & CWC set = 0.0 for well '
          cel2wel2SEG = 0.D0
          GOTO 888
```

```
          end if
          Az = log(roz/rw) / Tpi2z
          Ay = log(roy/rw) / Tpi2y
          Ax = log(rox/rw) / Tpi2x
c         THEIM option (LOSSTYPE.EQ.1) only needs A, so no need to calculate
          B or C
c         SKIN (LINEAR) option, calculate B, C=0
          if(LOSSTYPE.EQ.2) then
c            average T in aquifer assumed to be sqrt of Txx*Tyy
             if(Kskin.gt.0.D0.and.rw.gt.0.D0) then
c            this is from eqs 3 and 5 in orig MNW report
               lwz=thck

Bz=(thck*(Kx*Ky)**0.5D0/(Kskin*lw)-1)*(DLOG(Rskin/rw))/Tpi2z
               lwy=dy
               By =
(dy*(Kx*Kz)**0.5D0/(Kskin*lw)-1)*(DLOG(Rskin/rw))/Tpi2y
               lwx=dx
               Bx =
(dx*(Ky*Kz)**0.5D0/(Kskin*lw)-1)*(DLOG(Rskin/rw))/Tpi2x
             else
               Bx = 0.D0
               By = 0.D0
               Bz = 0.D0
             end if
             C = 0.D0
c         NONLINEAR option, calculate B and C
          else if (LOSSTYPE.EQ.3) then
             B = B / Tpi2z
             if(Cf.NE.0.0) then
               C = Cf * abs(Q)**(PLoss-1)
             else
               C = 0.D0
             end if
          else
             Bx = 0.D0
```

```
           By = 0.D0
           Bz = 0.D0
           C = 0.D0
        end if
c      these are per length
        CLz = Az + Bz + C
        CLz = 1.000000D0 / CLz / thck
        CLy = Ay + By + C
        CLy = 1.000000D0 / CLy / dy
        CLx = Ax + Bx + C
        CLx = 1.000000D0 / CLx / dx
c calculate CWC for slanted well (from 2.45b in SUTRA doc)
        numerator=(CLz*CLy*CLx)
c       dsind = sin(dgr_to_rad * dgr_argument)
c       dcosd = cos(dgr_to_rad * dgr_argument)
c-lfk       x1=dcos(dgr_to_rad * theta)
c-lfk       x2=dsin(dgr_to_rad * theta)
c-lfk       x3=dcos(dgr_to_rad * omega)
c-lfk       x4=dsin(dgr_to_rad * omega)
        denom1=CLz*((CLy*(cos(dgr_to_rad * theta)**2))
     &            +CLx*(sin(dgr_to_rad * theta)**2))
     &            *sin(dgr_to_rad * omega)**2
        denom2=CLx*Cly*(cos(dgr_to_rad * omega)**2)
c
        if((denom1+denom2).eq.0) then
          write(iout,*) '***ERROR*** MNW2 slanted well error'
          STOP 'MNW2 -- slanted well'
        end if
      CLi=numerator/(denom1+denom2)
        cel2wel2SEG=lw*(numerator/(denom1+denom2))
        end if
c
 888  continue
c-lfk
      if (omega0.gt.90.0) omega=180.0-omega
      end
```

2. 用 ADINA 命令编写模型总水头云图和浸润面命令流

1）总水头云图命令流

```
FRAME
RESPONSE LOAD-STEP TIME=1.0
MESHRENDERING AUTOMATIC ELLINE=MODEL
MESHPLOT SUBF=DEFAULT NODEP=DEFAULT ELDEP=DEFAULT BOUNDEP=NONE,
PLOTAREA=MARGIN MESHRENDERING=AUTOMATIC
BANDTABLE AUTOMATIC COLORMAX=10 MINIMUM=AUTOMATIC MAXIMUM=AUTOMATIC
BANDRENDERING BANDTYPE=SOLID
BANDPLOT VAR=TOTAL_HEAD
```

2）浸润面图命令流

```
FILEECHO OPTION=NONE
CONTROL PROMPT=NO
*UPDATE FRAME UPPER=HEADING
LOADPORTHOLE OPERATIO=CREATE FILE='H:\adina_lizi\seepage.por'
PLCONTROL OPENGL BACKGROUND = WHITE
*MODELINFO
*RESPONSEINFO
*VARIABLEINFO
RESULTANT JRX 'TOTAL_HEAD - <Z-COORDINATE>'
MESHRENDERING AUTOMATIC ELLINE=MODEL
MESHPLOT SUBF=DEFAULT NODEP=DEFAULT ELDEP=DEFAULT BOUNDEP=NONE,
PLOTAREA=MARGIN MESHRENDERING=AUTOMATIC
*LOADPLOT
BANDTABLE AUTOMATIC COLORMAX=1 MINIMUM=0 MAXIMUM=.01
BANDRENDERING BANDTYPE=LINE
BANDPLOT VAR=JRX
```

3. 用 Fortran 语言结合 ADINA 实现尾矿堆积坝渗透系数的变化

```
program main
    USE DFLIB
    IMPLICIT NONE
    REAL(KIND=8) :: H_K, H_K0
    INTEGER(KIND=4) :: I, J, I_STAP, STAP
    INTEGER(KIND=4) :: A(100), B(100)
    CHARACTER( len = 512) :: cfile1, CFILE2
    LOGICAL(KIND=4) res
    A=0
```

```
    B=0
    DO J=1,100
        A(J)=J
        B(J)=J
    END DO
    !WRITE(*,*)"请输入时间增量"
    !READ(*,*) I_STAP
    !WRITE(*,*)"请输入初始渗透系数值"
    !READ(*,*) H_K0
    !STAP=1
   !DO I=1,STAP
    !H_K=H_K0×exp(-a×I_STAP)
    H_K=2.3
    OPEN(25,FILE="H:\adina_lizi\YXM.IN")
    WRITE(25,'(A)') '*'
    WRITE(25,"(A)")'DATABASE OPEN H:\adina_lizi\seepage-b.idb'
    WRITE(25,FMT=10) H_K
    WRITE(25,"(A)")'*'
    WRITE(25,'(A)')"ADINA-T  OPTIMIZE=YES  FILE='H:\adina_lizi\
    seepage.dat',"
    WRITE(25,'(A)')"FIXBOUND=YES MIDNODE=NO OVERWRIT=YES"
    CLOSE(25)
10  FORMAT('MATERIAL SEEPAGE NAME=1 PERMEABI=',E10.4,',',/,&
            '   DENSITY=62.3000000000000')
    !WRITE(cfile1,*) A(I)
    !CFILE1='E:\DATA\'//Trim(AdjustL(cFile1)) // '.txt'
    !WRITE(CFILE2,*) B(I)
    !CFILE2='E:\DATA\'//Trim(AdjustL(cFile2)) // '.txt'
!    OPEN(55,FILE=".plo")
!    !DO J=1,100
!    !    READ(55,*)
!    !END DO
!    WRITE(55,(A))"FILEECHO OPTION=NONE"
!    WRITE(55,(A))"CONTROL PROMPT=NO"
!    WRITE(55,FMT=15) CFILE1
!    CLOSE(55)
```

```
15  FORMAT(A)
    res=systemqq('H:\adina_lizi\test1.bat')  !批处理命令
    PAUSE
    res=systemqq('H:\adina_lizi\test2.bat')  !批处理命令
    PAUSE
    res=systemqq('H:\adina_lizi\test3.bat')  !批处理命令
    !STAP=STAP+1
    !END DO
    End
```